【改訂版】

難燃学入門

——火災からあなたの命と財産を守る

北野 大 監修

化学工業日報社

推薦の言葉

消費者のニーズが高度化する中で、安全・安心を求める動きはますます強まってきております。火災を未然に防止する難燃剤は、様々な経済活動や身の回りの生活に必要な製品に使用され、我々の生命、財産を火災のリスクから保護し、安全・安心の確保に大きく貢献をしてきました。

このように安全・安心が確保される経済社会が所与のものとなるにつれて、我々生活者や経済活動を担う者は、その安全・安心が確保されるために必要となっている技術やそれによって得られている安全・安心の便益についての認識が薄れるきらいがあります。難燃剤の果たしてきた役割とそれによって我々が享受している安全・安心の便益についても、同様であります。

その一方で、消費者の環境に対する意識や、社会環境の変化、特に近年の持続可能な社会への対応として一層の安全・安心を求める動きが強まる中で、化学物質に係る有害性等のリスクが耳目を集めるようになってきているところでもあります。

化学物質に係る有害性のリスク等を適切に管理し、人や環境に対する悪影響を最小化することは、極めて重要であり、その取り組みを継続的に改善していくことが世界的にも求められております。一方、化学物質に対する過剰な懸念から、当該化学物質を使用しないという選択肢を採った場合において失われる便益についての議論が、その享受している便益が所与のものとなってしまっているが故に、きちんとなされないきらいもあります。

本書改訂版「難燃学入門」は、化学物質の一つである難燃剤について、化学物質リスクとその使用により低減される火災リスクとのトレードオフ等を学術的な視点から公平に分析・比較されておられ、将に、安全・安心を求める経済社会のニーズに適合した入門書といえます。

本書は、2016年10月に初版が上梓されましたが、その後5年半が経過し、難燃剤に関わる市場の状況、化学物質としての有害性に係る議論、あるいは研究開発状況等についての最近の動向状況を含めた改訂版として、新たに刊行されるものです。

関係者の方々に広く購読されることを期待いたします。

2022年4月

一般社団法人　日本化学工業協会
専務理事　　進藤　秀夫

刊行に当たって―難燃学の勧め

昔から人々の恐れるものを表す言葉に「地震、雷、火事、親爺」という言い伝えがある。残念ながら、現在では親爺は恐れられる存在から程遠い状況になってしまった。一方、2011年3月東北地方に発生した地震とそれに伴う津波による東日本大震災の被害を考えるまでもなく、地震、雷、火事は今でも恐ろしい災害である。これらの災害は人の命を奪うばかりでなく、火災では命は助かったにしても、人々の想い出に関するものを無くしてしまうという精神的な大きな負担を与える。事実、私の友人は火災のときの非常持ち出し品の一つに家族のアルバムを加えている。地震、雷は私たちが制御できず、対策はもっぱら如何に被害を軽減するかにある。例えば地震に対しては構造物の耐震化、避難通路の確保と訓練、万が一火災が発生した場合に備えての構造物の不燃、難燃化、更には消火器の用意等がある。地震に伴う津波対策としては防潮堤の建設、建物の高所への移動、避難通路、避難場所の用意等がある。

一方、火災に関してはどうであろうか。山火事等の人間の制御できない出火原因による火災もあるが、多くは私たちの細心の注意により火災は回避できるのではないだろうか。手元に平成31年／令和元年度の火災データがあるが、これによるとこの年の総火災発生件数は3万7,683件、それによる死者は1,486人、出火の原因として1位はたばこ(9.5%)、2位はたき火(7.8%)、3位こんろ(7.7%)、4位放火(7.3%)となっている。いずれも私たちの注意により防げる可能性がある出火原因である。また死者のうち41%が逃げ遅れによる死亡である。放火はとんでもないことであり許すことはできないが、それ以外の火災の原因は人間の不注意からであり、注意をすれば避けられると考える人も多いと思う。しかし、人間はそれほど常に注意深いだろうか。

安全学という学問がある。安全学の考え方は「機械は故障するものであり、人は過ちを犯すものである。」という前提である。機械の故障に対してはフェールセーフや多重防御の思想で対処するのが一般的である。安全学の考え方を火災安全に適用すれば、まず構造物等の不燃化、難燃化が最初に取り組む課題になる。また、ガスバーナー等の裸火を熱源に使用せず、マントルヒーター等の熱源の利用、また熱媒体には不燃性の液体を用いること等がある。これを踏まえたうえで、もし火災を起こしてしまったときの次の対策は火災報知機や消火器、スプリンクラーの整備、避難経路の確保と訓練がある。最後に考慮するのが人々の注意である。この考え方の根底には、前述したように、人は「意図的にせよまたは非意図的にせよ過ちを犯すものである」という考え方である。従って、人間の注意に依存して火災の発生を防いだり、死者数を減らすのはそれ以外の考えられる要素をすべて考慮したのちの最後の手段となる。

さて、読者の皆さんは難燃剤、難燃化という言葉は既に承知のことと思うが、《**難燃学**》という言葉は初めて目にしたことと思う。

この言葉は本書の筆者らの造語である。筆者らは《難燃学》を社会財産を不燃化、難燃化することにより、火災で損失する貴重な命、財産等をできるだけ減らし、それに伴う社会的影響を最小化するための総合的な学問と位置付けている。そのためには構造物や車両の不燃化、難燃化、難燃剤の適切な利用等多くの課題がある。本書ではこれらのうち、特に難燃剤に焦点を当て解説等を行っている。

難燃剤に関しては人の健康や環境生物への影響も指摘されており、事実ある種の難燃剤は禁止されている。本書では難燃学の大きな部分である難燃剤について、その種類と用途、難燃化のメカニズム、難燃剤の適用例と効果、難燃性能の評価方法、化学物質としての規制、難燃剤の適用と使用しない場合のリスクトレードオフ、具体的には難燃剤を使用しない場合における火災による人命や建造物等の損害額と、難燃剤を用いたときの難燃剤に起因する人の健康や環境生物への影響の考察、更には、人の健康や環境生物への影響をできる限り小さくし、かつ大きな難燃性能を有する難燃剤の今後の開発の方向性について、それぞれの専門家が執筆した。

本書が難燃剤に関係するメーカー、商社、ユーザーの人たちばかりでなく、その他多くの難燃剤に関心のある研究者、専門家、更には一般の人にも読まれ、今後社会と調和した難燃剤のあり方を議論するうえでの一助になれば幸いである。

出版に当たり、化学工業日報社の安永俊一さん、増井靖さんには大変お世話になった。改めて御礼を申し上げます。

2022年4月

監修者　　北野　大

目　次

第２章　難燃剤の作用機構と高分子の燃焼傾向

第３章　難燃剤の利用と難燃規制

第４章　難燃性能の試験法

第５章　化学物質としての規制

第6章　リスクトレードオフ

第7章　難燃学の今後の発展を支える難燃化技術、難燃剤の研究の方向

【監修】

北野　大（秋草学園短期大学）［刊行に当たって］

【執筆】

上林山博文（環境・難燃コンサルタント）［第１章］
大越雅之（岐阜大学）［第２章、第４章］
小林恭一（東京理科大学）［第３章３－１、３－４～５］
西澤　仁（西澤技術研究所）［第３章３－２、第７章］
鈴木淳一（国土交通省 国土技術政策総合研究所）［第３章３－３］
福島麻子（一般財団法人 化学物質評価研究機構）［第５章５－１～２］
窪田清宏（一般財団法人 化学物質評価研究機構）［第５章５－３～５］
宮地繁樹（株式会社ハトケミジャパン）［第５章５－６］
恒見清孝（国立研究開発法人 産業技術総合研究所）［第６章］

第 1 章

難燃剤とは

1.1 はじめに

難燃剤とは？と問われても一般の人は、すぐに答えられない方々が多いと思われる。漢字から見ると「燃え難い材料」と理解できる。英語では“Flame Retardant”と表し、炎を遅延させる材料といえる。つまり、プラスチックなど燃え易い素材を使った製品を燃えにくくしている。火災が発生した場合（火災リスク）には、家や家具、電化製品など財産を失い、尊い命まで失うこともある。難燃剤は、プラスチックなどに着火し、火災が発生し、局所的な火災が一気に燃え広がるフラッシュオーバーという現象を防ぎ、避難する時間を稼いでいる。その尊い財産や命を守っているのが、難燃剤といえる。

また、一方では、難燃剤は化学物質であり、その化学物質がもたらす人や環境へのリスク（化学物質リスク）も議論されているが、難燃剤の持つ、火災による人的・経済的な損失を防止しているベネフィット（利益・恩恵など）も本書から理解できることを願っている。

本章では、その実例を紹介しつつ、難燃剤の種類と用途、難燃剤の必要性、難燃剤の市場動向などをまとめて記述する。

1.2 難燃剤の種類と用途

家電製品をはじめとする電気製品や建材、家庭用品として用いられる素材には、使用環境によって、火災の原因となったり、延焼を助長するものがあり、安全な生活をおくるためには、これを燃えにくくし、かつ健康を害することがないよう、煙や有害物質が出にくくすることが不可欠である。これらの要求に応えるために用いられる薬剤を、総称して難燃剤という。

プラスチックやゴムなどには主に素材に練り込む方式、繊維や紙には素材の表面に塗布する方式を用いることが多い。たとえ難燃剤を加えていても、まったく燃えないというのはむしろ特殊な例で、一般的な効果としては、炎を近づけて高温にすると一時的に燃える（着火）ものの、炎が離れると燃え広がらずにくすぶって消える（自己消火性）。単独では難燃性の賦与効果は低いが、他の難燃剤（主にハロゲン化合物）とともに用いて主となる難燃剤の効果を高める作用がある薬剤を区別して難燃助剤と呼ぶこともある。

難燃剤の種類は、簡単にいうと、ハロゲン系（臭素系、塩素系）とリン系と無機系がある。その用途は、プラスチックの種類、部品、最終製品の目的、機能（難燃性、耐熱性、可撓性など）によって違ってくるが、その構成成分、使用法により、**図１－１**のように大別される。

以下に難燃剤（ハロゲン系、リン系、無機系）ごとにそのプラスチックとの組み合わせでまとめる（**表１－１**参照）。

【１.２項　参考Webサイト】　日本難燃剤協会　https://www.frcj.jp/
国際臭素協議会BSEF Japan（ビーセフ ジャパン）https://www.bsef-japan.com/index.html

1）構成成分による分類

- 有機難燃剤
  - ハロゲン系
  - リン系
  - その他（複合型等）
- 無機系難燃剤
  - 金属水酸化物
  - アンチモン系
  - その他（赤リン系を含む）

2）使用法による分類

- 添加型難燃剤
  - 有機系
  - 無機系
- 反応型難燃剤
  - ビニル基含有系
  - エポキシ基含有系
  - 水酸基含有系
  - カルボン酸含有系
  - その他

【図１－１】難燃剤の種類

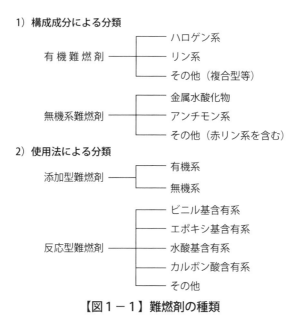

【表1－1】難燃剤とプラスチックとの組み合わせ

①臭素系難燃剤

臭素系難燃剤	用途														
	熱可塑性									熱硬化性			その他		
	ABS	ポリスチレン	ポリオレフィン	ポリカーボネート	ポリカーボネート（PC）／ABS	ポリアミド	ポリエステル	ポリ塩化ビニル	発泡ポリスチレン	エポキシ樹脂	フェノール樹脂	不飽和ポリエステル	難燃剤原料	繊維	接着剤・塗料
デカブロモジフェニルエーテル（Deca-BDE）		○	○			○	○							○	
テトラブロモビスフェノールA（TBBPA）	◎									◎	◎		◎		
TBBPAエポキシオリゴマー	◎	◎					◎								
TBBPAカーボネートオリゴマー				◎			◎								
TBBPAビス（ジブロモプロピルエーテル）		◎	○												
ヘキサブロモシクロドデカン（HBCD）									◎					◎	
ビス（ペンタブロモフェニル）エタン		◎	◎			○									
ペンタブロモベンジルアクリレート（ポリマー）						◎	○								
臭素化ポリスチレン						◎	○								
臭素化ブタジエンースチレン共重合（ポリマー）		○	○			○	○		○			○		○	

〔注〕◎：現在、主として使用、○：使用量は多くないが現在も使用

②リン系難燃剤

リン系難燃剤	用途															
	熱可塑性									熱硬化性				その他		
	変性PPE	ABS	ポリスチレン	ポリオレフィン	ポリカーボネート	ポリカーボネート（PC）／ABS	ポリアミド	ポリエステル	ポリ塩化ビニル	ポリウレタン	エポキシ樹脂	不飽和ポリエステル	フェノール樹脂	接着剤・塗料	繊維	木質剤
トリフェニルホスフェート	○	○			○	○				○			○			
トリクレジルホスフェート									○	○				○	○	
トリキシレニルホスフェート									○	○						
クレジルフェニルホスフェート				○					○	○			○	○		
2－エチルヘキシルジフェニルホスフェート									○							
その他芳香族リン酸エステル									○	○	○		○	○	○	
芳香族縮合リン酸エステル	◎	◎	○		◎	◎				○	○				○	
トリス（ジクロロプロピル）ホスフェート									◎							
トリス（β－クロロプロピル）ホスフェート									◎							
その他含ハロゲンリン酸エステル			○	○												
含ハロゲン縮合リン酸エステル類									◎							
ポリリン酸塩類				○			○				○		○		○	○
赤リン系				◎	◎	◎	◎	○			◎	○	◎			

〔注〕◎：現在、主として使用、○：使用量は多くないが現在も使用

③無機系難燃剤

無機系難燃剤	用途															
	熱可塑性									熱硬化性				その他		
	変性PPE	ABS	ポリスチレン	ポリオレフィン	ポリカーボネート	ポリカーボネート(PC)/ABS	ポリアミド	ポリエステル	ポリ塩化ビニル	ポリウレタン	エポキシ樹脂	不飽和ポリエステル	フェノール樹脂	接着剤・塗料	繊維	木質剤
[1] アンチモン系																
三酸化アンチモン		◎	◎	◎			◎	◎	◎	○	◎		○	○	◎	
五酸化アンチモン							○	○	○		○	○	○	○	○	
四酸化アンチモン						○		○			○					
アンチモン酸ソーダ							○	○								
[2] 無機系																
水酸化アルミニウム				◎					○		◎	◎	◎			
水酸化マグネシウム				◎			○	○	○		○		○		○	

〔注〕◎：現在、主として使用、○：使用量は多くないが現在も使用

1.3　難燃剤の必要性

1.3.1　身近なところにある難燃剤

私たちの暮らしの様々なところに難燃剤が使われている。テレビのキャビネット、カーテンやソファ、壁紙、パソコンやコピー機などのプリント基板、いずれも身近なものばかりである。デザイン性のために、あるいは小型軽量化のために使用されるプラスチック、公共施設の家具類などのうち、火災リスクの高い製品の材料に、難燃剤は混合されている。

これから説明する臭素系難燃剤は主にプラスチックに混合されているものであり、添加物の一種と考えることができる。

1.3.2　なぜ難燃剤を添加するのか

例えばテレビを考えてみる。テレビは使用していると熱を持つ。使用していなくても電流は流れている。漏電や過電流によって発火するおそ

れがある。またロウソクなど外部からの着火の可能性もある。テレビの部品には可燃性のものが数多く使用されている。プラスチックは一般に熱に弱く、比較的低い温度で着火・発火する。プラスチックに難燃剤を添加することによって、テレビの火災安全性が高められている。

1.3.3　火災安全性の基準

米国の損害保険会社が保険の対象とする電気製品の難燃化を要求しているため、日本メーカーの製品はその基準（UL制度）を採り入れて難燃機能を付与されている。そのため日本ではテレビなどが発火源となった火災は、難燃機能の付与されていない欧州に比較して少ないといえる。欧州では現在、テレビや家具調度品の火災安全性に関する規格を見直している（IEC TC108）。電気製品からの発火とそれを原因とする延焼を防ぐための国際共通規格となる予定である。

1.3.4　安全性の確認試験

写真1－1は難燃機能のあるテレビとないテレビの耐火性能比較試験の記録である。難燃機能のないテレビはわずか4分で大きい炎が発生し、8分後には室内全体に火災が拡大している。それに対し、厳しい基準で作られた難燃機能を持つテレビは、炎を接触させても難燃剤の働きで自己消火している。難燃性プラスチックはまったく燃えないわけではない。温度が上がりにくい、酸素の供給を抑えるなどの効果で着火や延焼を遅らせるものである。

1.3.5　避難時間を確保する難燃剤

火災が発生すると室内の温度が上昇していく。一定の温度に達するとフラッシュオーバーと呼ばれる現象が起こり、火災は一気に拡大する（**図1－2**参照）。可燃性ガスが充満し、温度上昇によって室内のすべての可燃材が発火点に達してしまうためである。

難燃剤は初期燃焼速度を減速させる効果があり、フラッシュオーバー

《難燃機能のない製品》　《難燃機能のある製品》

2分後

2分後

4分後

6分後

8分後

7分後

【写真1－1】難燃剤の有無による差

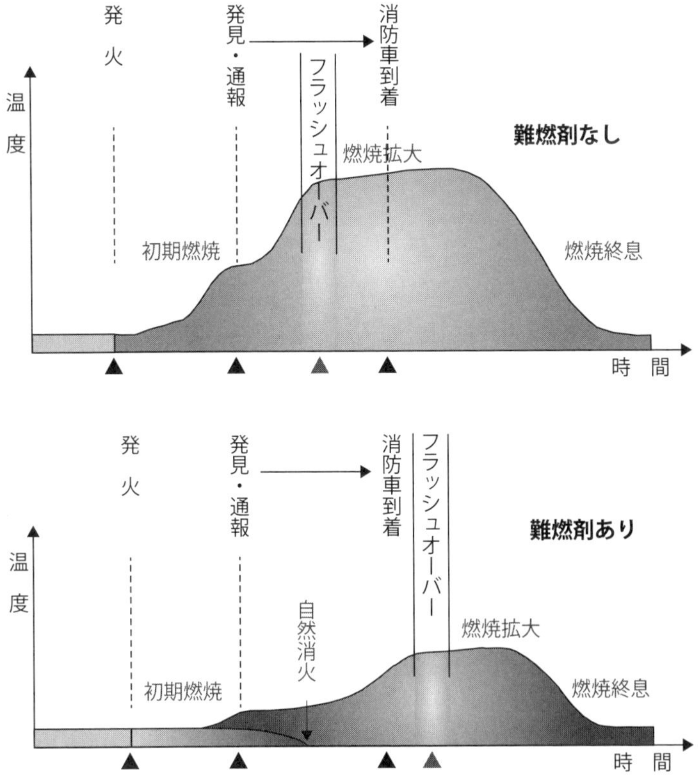

【図1－2】フラッシュオーバーの遅延効果

発生までの時間を引き延ばす。避難のための時間が得られるだけでなく、消防車到着までに火災が拡大してしまう危険も回避できる。

火災の発生・事故は多々起こっている。特に一番記憶に残る火災事故は、2015年に新幹線の中で起こった放火による火災である。残念ながら、放火・焼身自殺した男性と乗客の女性が亡くなった。しかし、新幹線内で、難燃処理が施されていたシートなどの内装材のお陰で、火災の延焼が防げたことは明らかである。

1.4　難燃剤の歴史

難燃剤の歴史は、1786年フランスの劇場火災から端を発し、繊維の難燃化が開始されたといわれている。つまり、「繊維の歴史」に他ならない。この劇場火災事故を受けて、18世紀にジョセフ・ルイ・ゲイ＝リュサック（仏・1778−1850）が劇場の緞帳の難燃化に取り組み、硫酸アンモニウム処理を発見したのが、最初である。その後、19世紀には、ウィリアム・ヘンリー・パーキン（英・1838−1907）がアンモニウム塩に錫酸塩とタングステン酸塩を耐水性コーティングしたものをカーペットなどの繊維製品へ応用した。20世紀になるとアメリカ空軍が、酸化アンチモンと塩素化パラフィンの組み合わせを発見し、ナイロン繊維に応用し、高分子物質の難燃化の技術が、様々な樹脂に対して開発されることとなった。それから、この30年間でそれぞれの樹脂に対する最適化が行われてきた。

難燃化技術の1970年前後の進歩には著しいものがあり、1980年代の方向性を決めることのできる成果が基礎科学として出ている。これは、高分子の熱分解や耐熱性高分子の研究が1970年代に盛んに行われ、それと並行して難燃化技術研究が行われた影響が大きいといえる。1980年頃に高分子の難燃化手法に関し、その方向が決まり、様々な縮合リン酸エステルが開発された。その後登場したのが臭素系難燃剤で1990年代に一気に普及したが、環境問題の影響で一部の臭素系難燃剤が縮合リン酸エステル系に置き換えられる検討が進んだ。

欧米の動向も同様であり、1970年代の成果を踏まえ、ULなどの規格が1980年代にほぼ決まり、日本の建築基準の大幅な見直しも1980年初めに行われた。高分子の難燃化技術はもう開発の必要のない分野のように見えるが、未だに世間で発生している火災事故、難燃樹脂の品質問題を見ると、これまでの研究開発と異なるコンセプトでの開発が必要になると考えられる。その開発の糸口となるのは、日本の消防庁が火災事故について毎年調査して発行している『消防白書』であり重要な統計データである。その火災事故の原因・要因なども考慮した新しい難燃剤、世の中の生活の変動、進歩に伴うプラスチックの構成、新しい用途に対応できる難燃剤の開発が求められる。

1.4.1　臭素系難燃剤の歴史

（1）臭素の発見

臭素（Br）は1826年、化学者アントワーヌ・ジェローム・バラール（仏・1802－1876）によって発見された。バラールは1824年、海草からヨウ素を取り出す実験を行っていたとき、ヨウ素とは別に激しい臭気を放つ赤茶色の揮発性液体を得た。彼はさらに研究を重ね、1826年、海水から採ったにがり（アルカリ臭化物）に塩素を作用させるとこの物質が効率よく得られることを突きとめる。

バラールはパリの科学学士院にこの物質を送付した。その結果、新元素であることが判明し、ギリシア語で「臭気」を意味するブロモスからブロム（臭素）と名付けられた。元素記号Brはそこからきている。ちなみにBromineというのは英語名である。

（2）臭素はハロゲン族元素

臭素は原子番号35、元素周期表の7B、フッ素、塩素などと同じハロゲン族元素に属する（**図1－3**参照）。原子量は79.904。常温で液体である非金属元素は臭素だけである。常温で熱や光によって反応し、例えばオゾンと反応して酸化物をつくる。

（3）臭素は自然界に大量に存在する

臭素は海水中に微量成分として含まれている。様々な海洋生物によって作られる有機臭素化合物として大量に存在する。純粋な元素としては存在しない。最も回収しやすいのは海中、塩湖、内海や塩水井戸などで、水中に溶解している塩類から取り出している。世界規模で見ると米国、中国の塩水湖、死海や日本の近海が臭素の主要産地である。

臭素はそのほか岩石や地殻にもあり、代表的なところではカリウム、

【図1－3】元素周期表

原子番号	35
元素記号	Br
元素名	臭素
原子量	79.904

周期＼族	1A	2A	3A	4A	5A	6A	7A	8			1B	2B	3B	4B	5B	6B	7B	0
	アルカリ金属元素	アルカリ土類金属元素	希土類元素	チタン族元素	バナジウム族元素（土酸族）	クロム族元素	マンガン族元素	鉄族元素 （26～28） 白金族元素 （44～46／76～78）			銅族元素	亜鉛族元素	ホウ素族元素	炭素族元素	窒素族元素	酸素族元素	ハロゲン族元素	希ガス族元素
1	1 ＊ H 水素 1.00794																	2 He ヘリウム 4.00260
2	3 Li リチウム 6.941	4 ＊ Be ベリリウム 9.01218											5 B ホウ素 10.81	6 C 炭素 12.011	7 N 窒素 14.0067	8 O 酸素 15.9994	9 F フッ素 18.998403	10 Ne ネオン 20.1879
3	11 Na ナトリウム 22.98977	12 ＊ Mg マグネシウム 24.305											13 Al アルミニウム 26.98154	14 Si ケイ素 28.0855	15 P リン 30.97376	16 S 硫黄 32.06	17 Cl 塩素 35.453	18 Ar アルゴン 39.948
4	19 K カリウム 39.0983	20 Ca カルシウム 40.08	21 Sc スカンジウム 44.9559	22 Ti チタン 47.88	23 V バナジウム 50.9415	24 Cr クロム 51.996	25 Mn マンガン 54.9380	26 Fe 鉄 55.847	27 Co コバルト 58.9332	28 Ni ニッケル 58.69	29 Cu 銅 63.546	30 Zn 亜鉛 65.38	31 Ga ガリウム 69.72	32 Ge ゲルマニウム 72.59	33 As ヒ素 74.9216	34 Se セレン 78.96	35 Br 臭素 79.904	36 Kr クリプトン 83.80
5	37 Rb ルビジウム 85.4678	38 Sr ストロンチウム 87.62	39 Y イットリウム 88.9059	40 Zr ジルコニウム 91.22	41 Nb ニオブ 92.9064	42 Mo モリブデン 95.94	43 Tc テクネチウム [98]	44 Ru ルテニウム 101.07	45 Rh ロジウム 102.9055	46 Pd パラジウム 106.42	47 Ag 銀 107.8682	48 Cd カドミウム 112.41	49 In インジウム 114.82	50 Sn スズ 118.69	51 Sb アンチモン 121.75	52 Te テルル 127.60	53 I ヨウ素 126.9045	54 Xe キセノン 131.29
6	55 Cs セシウム 132.9054	56 Ba バリウム 137.33	57－71 ランタノイド	72 Hf ハフニウム 178.49	73 Ta タンタル 180.9479	74 W タングステン 183.85	75 Re レニウム 186.207	76 Os オスミウム 190.2	77 Ir イリジウム 192.22	78 Pt 白金 195.08	79 Au 金 196.9665	80 Hg 水銀 200.59	81 Tl タリウム 204.383	82 Pb 鉛 207.2	83 Bi ビスマス 208.9804	84 Po ポロニウム [210]	85 At アスタチン [210]	86 Rn ラドン [222]
7	87 Fr フランシウム [223]	88 Ra ラジウム 226.0254	89－103 アクチノイド															
	典型元素		遷移元素									典型元素						

＊は族分類に含まれない

◎臭素資源の現状と将来

（単位：トン）

	採取方法	生産 2013年	生産 2014年	推定埋蔵量
米国	採掘	W	W	11,000,000
アゼルバイジャン	採掘	3,500	3,500	300,000
中国	海水・採掘・塩田	110,000	110,000	NA
ドイツ	カリウム副産物	1,500	1,500	NA
インド	塩田	1,700	1,700	NA
イスラエル	死海	172,000	180,000	NA
日本	海水	30,000	30,000	NA
ヨルダン	死海	80,000	80,000	NA
トルクメニスタン	採掘	500	500	700,000
ウクライナ	採掘	4,100	4,100	NA
合計		403,000	411,000	

注：1）海水中の臭素含有量50－65ppm＝約100兆トンの臭素
2）米国アンカーソー州の地下資源3,000－5,000ppm＝約1,100万トンの臭素
3）死海の臭素含有量12,000－15,000ppm＝約１億トンの臭素
4）W：非公開
5）NA：Not Applicable（該当なし）　または　No Answer（無回答）

資料：U.S. Geological Survey. Mineral Commodity Summaries, Jan. 2015

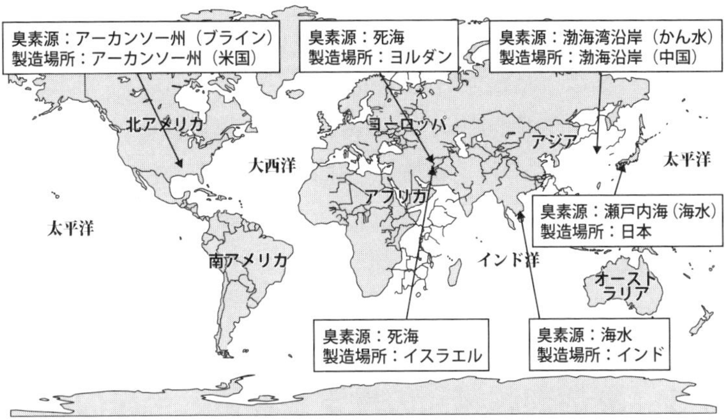

【図１－４】豊富な臭素資源量及び主要生産拠点

マグネシウムの原料であるカーナル石に含まれる（**図１－４**参照）。

（4）身近なところにある臭素化合物

臭素は化合物（臭化物）として様々な領域で利用されている。例えば

臭化ナトリウム、臭化銀は印画紙などの写真材料に、臭化メチルは燻蒸して殺菌・殺虫剤として、水銀臭化物は照明器具（紫外線ランプなど）に使われている。

臭素化合物はほかにも香料、染料、パーマネント液、医薬品などに幅広く使用され、私たちの暮らしに密接な係わりをもっている。鎮痛剤、鎮静剤、抗ヒスタミン剤などのおなじみの医薬品も、臭素が原料として使われている。

日常あまり意識されていないが、それらと並んで利用されているのが難燃剤としての臭素化合物である。

私たちは臭素化合物によって火災安全性を増した様々な製品を日常的に使用している。

臭素系難燃剤は現在75種類あり、用途によって使い分けられる。BFR（Brominated Flame Retardants）というのはそれらの総称である。今まで継続して生産販売されていたBFRは、Deca-BDE、HBCD、TBBPAやその派生製品のTBBPAオリゴマー、多ベンゼン環化合物であったが、HBCDは、2014年のストックホルム条約で廃絶が決定され、現在は適用除外となった建築用途以外は使用されていない。また、Deca-BDEも現在ストックホルム条約で廃絶に向けた議論が行われている（詳細は**第5章**を参照）。今後も継続して生産販売されるBFRは、TBBPAやその派生製品のTBBAオリゴマー、多ベンゼン環化合物など、特に分子量が1,000以上あるもので、特にポリマータイプに移行していくと考えられている。

1.5　難燃剤種類別の推定需要量と今後の見通し

これまで難燃剤の必要性と歴史を述べたので、ここでは難燃剤のマーケットを推定する。その前に、難燃剤の目的である火災事故の歴史として、『消防白書』の統計データをまとめるとともに、化学工業日報社で調査をしている難燃剤の使用・需要量の統計データを示す。

1.5.1　平成26年版及び令和２年版『消防白書』より

『消防白書』は、消防庁が毎年発行している火災・災害状況とその対応策・体制などを詳しくまとめている。第１章「災害の現況と課題」、第２章「消防防災の組織と活動」、第３章「国民保護への対応」など、その時々に合わせた火災・災害に対応する指針を示している。以下は、平成26年版及び令和２年度版の『消防白書』から、地震災害による火災、火災発生状況と原因、自動車火災の統計データなどを紹介し、最後に難燃剤の使用・需要量の統計データと今後の見通しを考察する（**表１－２、表１－３**参照）。

本統計データを見ると、2000年頃まで自動車保有台数の増加に伴って車両火災件数が増加したことがわかる。しかし、それ以降の件数は暫減傾向をたどり、2012年にはピーク時の半分以下になっている（**図１－５**参照）。

また、１万台当たりの出火率で見ると、1966年から1976年までは急激に低下し、その後は2001年までほぼ横ばいとなり、それからも出火率はやはり低下していき、１万台当たり１以下、2019年には0.44の水準になっている（**図１－６**参照）。

2001年以降の急激な出火率の低下の原因としては、交通事故件数の減少も一つの要因であるが、座席シートや電気配線類などで難燃化が進んで火災の発生を抑制していることも大きく貢献していると考えられる。1993年の道路運送車両の保安基準に係る技術基準が運輸省自動車局長通達として出されたことや、2002年の道路運送車両の保安基準の細目を定める告示が定められたことなどがそのきっかけと考えられるが、それだけではない。

これら規制や規制に準ずる技術基準が採用されたほか、企業の製造物責任（PL）に対する対応が徹底されるようになったことも大きな要因ではないか。規制の有無に関わらず、難燃処理されている部位は着実に増加しているようであるし、エンジンなど機械系統の改善も大きいので

【表1－2】関東大地震以後の主な地震災害

年	地震の名称	マグニチュード	人への損害		家への損害			
			死者	行方不明者	全壊	焼失	流出	合計
1923	関東大震災	7.9	約105,000		128,266	*447,128*	868	576,262
1924		7.3	19	–	1,298	–	–	1,298
1925		6.8	428	–	1,295	2,180	–	3,475
1927		7.3	2,925	–	12,584	3,711	–	16,295
1930		7.3	272	–	2,165	–	75	2,240
1931		6.9	16	–	206	–	–	206
1933		8.1	3,008	–	2,346	216	4,917	7,436
1935		6.4	9	–	814	–	–	814
1939		6.8	27	–	585	–	–	585
1943		7.2	1,083	–	7,485	251	–	7,736
1944		7.9	998	–	26,130	–	3,059	29,189
1945		6.8	2,306	–	12,142	–		12,142
1946		8	1,330		11,591	2,598	1,451	15,640
1948		7.1	3,769	–	36,184	3,851	–	40,035
1949		6.4	10	–	873	–	–	873
1952		8.2	33	–	815	–	91	906
1960		9.5	139	–	1,571	–	1,259	2,830
1961		5.2	5	–	220	–	–	220
1962		6.5	3	–	369	–	–	369
1964		7.5	26	–	1,960	290	–	2,250
1968		6.1	3	–	368	–	–	368
1968		7.9	52	–	673	18	–	691
1974		6.9	30	–	134	5	–	139
1978		7	25	–	94	–	–	94
1978		7.4	28	–	1,383	–	–	11,383
1982		7.1	–	–	13	–	–	13
1983		7.7	104	–	1,584	–	–	1,584
1984		6.8	29	–	14	–	–	14
1987		6.6	1	–	–	–	–	–
1987		6.7	2	–	16	–	–	16
1993		7.5	2	–	53	–	–	53
1993		7.8	202	28	601	–	–	601
1993		6.9	1	–	–	–	–	–
1994		8.2	–	–	61	–	–	61
1994		7.6	3	–	72	–	–	72
1995	阪神淡路大震災	7.3	6,434	3	104,906	*7,036*	–	*111,942*
2000		6.5	1	–	15	–	–	15
2000		7.3	–	–	435	–	–	435
2001		6.7	2	–	70	–	–	70
2003		6.4	–	–	1,276	–	–	1,276
2003		8	–	2	116	–	–	116
2004		6.8	68	–	3,175	–	–	3,175
2005		7	1	–	144	–	–	144
2007		6.9	1	–	686	–	–	686
2007		6.8	15	–	1,331	–	–	1,331
2008		7.2	17	6	30	–	–	30
2008		6.8	1	–	1	–	–	1
2009		6.5	1	–	–	–	–	–
2011	東北地方太平洋沖地震	9	19,729	2,559	*121,996*	–	–	*121,996*
2011		6.7	3	–	73	–	–	73
2011		5.4	1	–	–	–	–	–
2014		6.7	–	–	81	–	–	81
2016	熊本地震	7.3	273	–	8,667	–	–	8,667
2016		6.6	–	–	18	–	–	18
2018		6.1	–	–	16	–	–	16
2018		6.1	6	–	21	–	–	21
2018		6.7	43	–	469	–	–	469

【表1－3】火災発生状況と原因

①火災の状況

区　分	平成21年(2009)	平成30年(2018)(A)	平成31年／令和元年(2019)(B)	増減数(B)－(A)＝(C)	増減率(C)(／A)×100(%)
建物火災	28,372	20,764	21,003	239	1.1
林野火災	2,084	1,363	1,391	28	2.1
車両火災	5,326	3,660	3,585	△75	△2.1
船舶火災	109	69	69	0	0.0
航空機火災	4	1	1	0	0.0
その他の火災	15,244	12,124	11,634	△490	△4.0
出火件数　計	51,139	37,981	37,683	△298	△0.8
死　者	1,877	1,427	1,486	59	4.1
負傷者	7,654	6,114	5,865	△249	△4.1

②主な出火原因別の出火件数（令和2年、2019年）

火災の原因	火災数
たばこ	3,581
たき火	2,930
こんろ	2,918
放火	2,757
放火の疑い	1,810
火入れ	1,758
電気機器	1,633
電灯電話等の配線	1,576
配線器具	1,352
ストーブ	1,144
排気管	705
電気装置	669
マッチ・ライター	567
灯火	427
火あそび	424
溶接機・切断機	419
交通機関内配線	376
焼却炉	346
取灰	224
煙突・煙道	201
風呂かまど	179
炉	140
内燃機関	127
衝突の火花	96
かまど	53
ボイラー	51
こたつ	43
その他	6,729
不明・調査中	4,448
合計	37,683

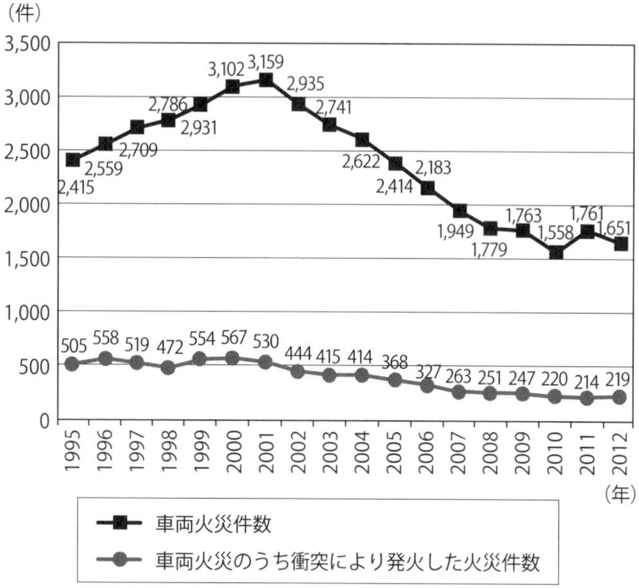

資料：消防庁『火災報告データ』（平成26年版）より作成

【図１－５】自動車火災の統計データ（1995－2012年）

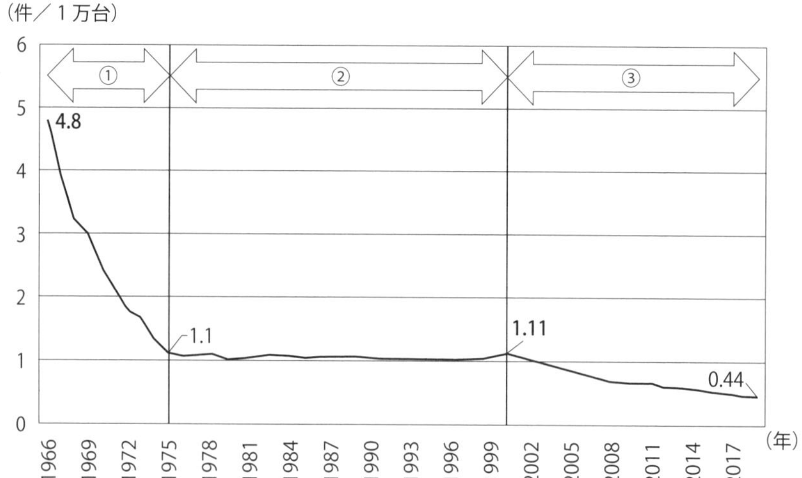

資料：『火災年報』『消防白書』（令和２年版）及び自動車検査登録情報協会『自動車保有台数推移表』より作成

【図１－６】日本の自動車１万台当たり車両火災件数の推移（1966－2019年）

はないかと考えられる。

ただ自動車は、今世紀に入ってから大きく変貌している。ハイブリッド車（HV）や電気自動車（EV）、それに燃料電池自動車（FCV）の市場投入などで、車体の軽量化が急激に進展し、外装材や構造材でプラスチックの占める割合が高まっている。従って、更なる難燃化が必要になってくる。加えて、地震など災害時の火災発生をも見据えた難燃化までも考慮するなど、新たな課題も浮上しているのではないかと考えられる。

1.5.2　難燃剤の市場統計データ

臭素系難燃剤を主に、難燃剤の歴史を紐解いてきた。また、『消防白書』の統計データにより、火災の発生状況、その原因も解析して、火災の発生・延焼を抑えている難燃剤のマーケットを調査した。過去の詳しいデータはほとんど把握されていないが、化学工業日報社が唯一1980年代からのデータを調査しており、それをまとめてみた（**表1－4**、**図1－7**参照）。

基本的には、プラスチックは燃えやすい材料であり、少なくとも自動車、電子機器のバッテリーや駆動装置周辺の発熱に対応するためには、難燃剤が用いられる。また、自動車用ワイヤーハーネスなど電線の難燃化にも使用され、今後HV・EV車への需要増加により使用規模が拡大すると予測される。

また、自動車の軽量化に伴い、特に電気周り部材への需要が増加すると考えられる。その他更なる軽量化に伴うプラスチック使用の増加と自動運転などのセンサー技術の進歩・活用により、高性能の難燃化ニーズが高まると考えられる。特に軽量化には、金属代替として、近年カーボンファイバー強化プラスチック（CFRP）の開発が活発化している。軽量化を維持しながら、高難燃性能の開発が進められている。

軽量化、難燃性能、加工性、コスト等のパフォーマンスを考慮しながら、最適の樹脂と難燃剤が使用されていくことになる。一方、人、環境

【表１－４】日本の難燃剤需要量推移　①―(1)

（単位：トン）

種類	化合物	1986年	1987年	1988年	1989年	1990年	1991年	1992年	1993年	1994年	1995年	1996年	1997年	1998年	1999年	2000年
臭素系	テトラブロモビスフェノールA（TBBPA）	12,000	14,000	18,000	20,000	23,000	24,500	23,000	22,000	24,000	30,000	29,000	31,000	29,500	31,000	32,300
	デカブロモジフェニルエーテル（DecaBDE）	3,000	4,000	5,000	6,000	10,000	9,800	6,300	5,800	5,500	4,900	4,200	4,450	4,000	3,800	2,800
	ヘキサブロモシクロドデカン（HBCD）	600	600	700	700	700	1,000	1,400	1,600	1,600	1,800	2,000	2,000	1,850	1,950	2,000
	トリブロモフェノール（TBP）	100	250	450	450	450	1,500	2,000	2,700	3,500	4,000	4,100	4,300	4,300	4,300	4,300
	エチレンビステトラブロモフタルイミド		400	600	600	1,000	1,200	1,300	1,300	2,500	2,500	2,500	2,500	2,000	2,000	2,000
	TBBPAポリカーボネートオリゴマー						2,500	2,500	2,500	2,500	2,750	3,000	3,000	3,000	2,800	2,900
	臭素化ポリスチレン						1,300	1,300	1,300	1,300	1,500	1,600	2,000	2,000	3,500	3,300
	TBBPAエポキシオリゴマー				1,000	3,000	4,700	6,000	6,500	7,000	7,450	9,000	8,500	8,500	8,500	8,500
	TBBPAビスブロモプロピルエーテル												700	1,750	1,750	2,000
	エチレンビスペンタブロモジフェニール								1,000	1,600	2,600	3,000	4,600	4,600	5,000	5,000
	ペンタブロモベンジルアクリレート															1,000
	ヘキサブロモベンゼン									350	350	350	350	350	350	350
	臭素化芳香族トリアジン															800
	臭素化ブタジエン－スチレン共重合															
	ポリジブロモフェニレンオキサイド	100	170	200						200	200	400	400	800		
	ビストリブロモフェノキシエタン	400	400	400	400	400	1,000	1,000	900	900	750	500	400	100	250	
	オクタブロモジフェニルエーテル	500	1,000	1,100	1,100	1,100	1,500	1,100	900	500	300	250	250	75	75	
	テトラブロモジフェニルエーテル	1,000	1,000	1,000	1,000	1,000										
	その他	2,300	160	160												
	小　計	20,000	21,980	27,610	31,250	40,650	49,000	45,900	46,500	51,450	59,100	59,900	64,450	62,825	65,275	67,250

資料：化学工業日報社

【表1－4】日本の難燃剤需要量推移　②―(1)

（単位：トン）

種類	化合物	1986年	1987年	1988年	1989年	1990年	1991年	1992年	1993年	1994年	1995年	1996年	1997年	1998年	1999年	2000年
リン系	リン酸エステル系	4,000	4,000	4,200	4,400	4,400	4,400	4,400	4,400	4,400	4,000	4,400	4,600	22,000	22,000	22,000
	含ハロゲンリン酸エステル系	2800-3000	2800-3000	3,000	3,000	3,000	3,100	3,100	3,100	3,100	3,100	3,300	3,100	4,000	4,000	4,000
	ポリリン酸アンモニウム（APP）	1,500	1,500	1,500	1,500	1,500	1,500	1,500	1,500	3,000	3,000	1,000	1,000	1,000	1,000	1,000
	APP以外のイントメッセント系															
	赤リン系	200-250	200-250	250	250	250	310	310	310	310	310	400	500	500	500	500
	ホスファフェナントレン系													500	1,000	1,000
	ホスファゼン系															
	小計	8,500-8,750	8,500-8,750	8,950	9,150	9,150	9,310	9,310	9,310	10,810	10,410	9,100	9,200	28,000	28,500	28,500
塩素系	塩素化パラフィン	4,000	4,000	4,500	4,500	4,500	4,500	4,500	4,300	4,300	4,300	4,300	4,300	4,300	4,300	4,300
	パークロロシクロペンタデカン	300	400	400	400	400	600	600	600	600	600	660	600	600	600	600
	テトラクロロ無水フタル酸	150	150	150												
	クロレンド酸	300	300	300	300	300	300	300	300	300	300	300	300	300	300	300
	小計	4,750	4,850	5,350	5,200	5,200	5,400	5,400	5,200	5,200	5,200	5,260	5,200	5,200	5,200	5,200
無機系	三酸化アンチモン	8,300	13,000	15,000	15,000	16,000	18,500	18,500	17,000	17,000	17,000	18,000	19,100	17,000	16,000	16,000
	水酸化アルミニウム	48,000	30,000	33,000	35,000	37,000	42,000	42,000	42,000	42,000	42,000	42,000	42,000	42,000	42,000	42,000
	ほう酸亜鉛	400	400	400												
	窒素化グアジニン	4,000	4,000	5,000	5,000	5,000	5,000	5,000	5,000	5,000	5,000	5,000	5,000	5,000	5,000	5,000
	五酸化アンチモン	600	600	400	300	1,000	1,000	1,000	1,000	1,000	1,000	1,000	1,000	1,000	1,000	1,000
	水酸化マグネシウム	2,000	2,000	2,400	2,400	2,400	3,000	3,000	3,000	3,000	3,000	4,000	4,000	4,000	4,000	4,500
	ジルコニウム系	200	200	140												
	小計	63,500	50,200	56,340	57,700	61,400	69,500	69,500	68,000	68,000	68,000	70,000	71,100	69,000	68,000	68,500
合計		**96,850-97,100**	85,530-85,780	**98,250**	**103,300**	**116,400**	**133,210**	**130,110**	**129,010**	**135,460**	**142,710**	**144,260**	**149,950**	**165,025**	**166,975**	**169,450**

（続き）【表１－４】日本の難燃剤需要量推移　①―(2)

（単位：トン）

種類	化合物	2001年	2002年	2003年	2004年	2005年	2006年	2007年	2008年	2009年	2010年	2011年	2012年	2013年	2014年	2015年	2016年	2017年	2018年	2019年	2020年
臭素系	テトラブロモビスフェノールA（TBBPA）	27,300	31,000	32,000	35,000	30,000	29,000	25,000	22,500	17,000	18,000	16,200	15,000	14,000	14,000	14,000	11,000	12,000	12,000	10,000	9,000
	デカブロモジフェニルエーテル（DecaBDE）	2,500	2,200	2,200	2,000	1,800	1,700	1,700	1,600	1,300	1,100	990	990	900	800	700	500	100	0	0	0
	ヘキサブロモシクロドデカン（HBCD）	2,200	2,400	2,400	2,600	2,600	2,600	3,000	3,000	2,300	2,800	2,800	2,600	1,500	0	0	0	0	0	0	0
	トリブロモフェノール（TBP）	3,600	3,800	4,150	4,150	4,150	4,000	3,500	3,150	2,600	2,700	2,400	2,000	2,000	2,000	2,000	2,000	2,400	2,500	2,400	2,400
	エチレンビステトラブロモフタルイミド	1,750	1,500	1,500	1,500	1,500	1,500	1,500	1,300	1,000	1,000	1,000	900	900	900	900	900	900	900	900	850
	TBBPAポリカーボネートオリゴマー	1,800	2,500	3,000	3,000	3,000	3,000	3,000	3,000	3,000	3,000	3,000	2,500	2,500	2,500	2,500	2,000	2,200	2,200	2,000	1,800
	臭素化ポリスチレン	2,500	2,800	3,000	5,100	6,000	7,500	7,500	7,000	5,000	7,000	7,000	6,000	6,000	6,500	4,000	4,000	4,400	4,400	4,400	4,000
	TBBPAエポキシオリゴマー	8,500	8,500	9,000	12,000	12,000	12,000	10,000	9,000	6,000	7,000	6,200	5,400	5,000	5,000	5,000	4,000	4,200	4,200	4,000	3,600
	TBBPAビスブロモプロピルエーテル	1,000	1,350	1,200	1,000	900	800	800	700	490	490	490	1,000	1,500	1,500	1,500	1,200	1,300	1,300	1,200	1,100
	エチレンビスペンタブロモジフェニール	4,500	5,000	5,000	5,000	5,000	6,000	6,000	5,500	6,000	7,000	6,700	5,500	5,900	6,000	6,000	6,500	7,000	7,200	7,200	6,500
	ペンタブロモベンジルアクリレート	550	800	1,000	1,200	1,200	1,400	1,400	1,400	980	1,100	1,200	1,080	1,080	1,100	1,100	1,100	1,100	1,100	1,000	1,000
	ヘキサブロモベンゼン	350	350	350	350	350	350	350	350	350	350	350	350	350	350	350	350	350	350	350	350
	臭素化芳香族トリアジン	1,000	1,100	900	1,000	1,000	1,800	2,000	2,000	2,500	2,250	1,500	1,000	1,200	1,200	1,200	1,000	1,000	1,000	1,000	1,000
	臭素化ブタジエン－スチレン共重合														2,000	2,000	1,500	1,500	1,500	1,500	1,500
	ポリジブロモフェニレンオキサイド																				
	ビストリブロモフェノキシエタン																				
	オクタブロモジフェニルエーテル																				
	テトラブロモジフェニルエーテル																				
	その他																				
	小　計	57,550	63,300	65,700	73,900	69,500	71,650	65,750	60,500	48,520	53,790	49,830	44,320	42,830	43,850	41,250	36,050	38,450	38,650	35,950	33,100

（続き）【表１－４】日本の難燃剤需要量推移　②－(2)

（単位：トン）

種類	化合物	2001年	2002年	2003年	2004年	2005年	2006年	2007年	2008年	2009年	2010年	2011年	2012年	2013年	2014年	2015年	2016年	2017年	2018年	2019年	2020年
リン系	リン酸エステル系	20,000	20,000	20,000	24,000	24,000	24,000	20,000	20,000	19,000	20,000	20,000	20,000	20,000	20,000	19,000	19,000	19,000	19,000	19,000	19,000
	含ハロゲンリン酸エステル系	4,000	4,000	4,000	4,000	4,000	4,000	4,000	4,000	2,500	2,500	2,500	2,500	2,500	2,500	2,500	2,500	2,500	2,500	2,500	2,500
	ポリリン酸アンモニウム（APP）	1,000	1,000	1,000	1,000	1,000	1,000	1,000	1,000	1,000	1,000	1,000	1,000	1,000	1,000	1,000	1,000	1,000	1,000	1,000	1,000
	APP以外のイントメッセント系												500	500	500	500	200	200	200	200	200
	赤リン系	500	500	500	500	500	500	500	500	500	500	500	500	500	500	500	500	500	500	500	500
	ホスファフェナントレン系	1,000	1,000	1,000	1,000	1,000	1,500	1,500	1,500	3,000	3,000	4,000	3,000	3,000	3,000	3,000	3,000	3,000	3,000	3,000	3,000
	ホスファゼン系							1,500	1,500	1,500	1,500	1,500	1,500	1,500	1,500	1,500	1,500	1,500	1,500	1,500	1,500
	小　計	**26,500**	**26,500**	**26,500**	**30,500**	**30,500**	**31,000**	**28,500**	**28,500**	**27,500**	**28,500**	**29,500**	**29,000**	**29,000**	**29,000**	**28,000**	**27,700**	**27,700**	**27,700**	**27,700**	**27,700**
塩素系	塩素化パラフィン	4,300	4,300	4,300	4,300	4,300	4,300	4,300	4,300	4,000	4,000	4,000	4,000	4,000	4,000	4,000	3,500	3,500			
	パークロロシクロペンタデカン	600	600	600	600	600	600	600	600	600	600	600	600	600	600	600	600	600			
	テトラクロロ無水フタル酸																				
	クロレンド酸	300	300	300																	
	小　計	**5,200**	**5,200**	**5,200**	**4,900**	**4,900**	**4,900**	**4,900**	**4,900**	**4,600**	**4,600**	**4,600**	**4,600**	**4,600**	**4,600**	**4,600**	**4,100**	**4,100**			
無機系	三酸化アンチモン	14,000	14,000	14,000	17,000	15,000	15,000	14,700	11,000	7,900	9,500	9,540	8,830	8,383	9,137	8,400	8,500	9,400	8,900	7,800	7,000
	水酸化アルミニウム	42,000	42,000	42,000	42,000	42,000	42,000	42,000	42,000	42,000	42,000	42,000	42,000	42,000	42,000	42,000		10,000	10,000	10,000	10,000
	ほう酸亜鉛																				
	窒素化グアジニン	5,000	5,000	5,000	5,000	5,000	5,000	5,000	5,000	5,000	5,000	5,000	5,000	5,000	5,000	5,000					
	五酸化アンチモン	1,000	1,000	1,000	1,000	1,000	1,000	1,000	1,000	700	700	1,000	700	700	700	700	700				
	水酸化マグネシウム	5,000	7,000	8,000	14,000	14,000	14,000	14,000	12,500	10,000	10,000	10,000	11,000	11,000	11,000	11,000	11,000	11,000	10,000	10,000	10,000
	ジルコニウム系																				
	小　計	**67,000**	**69,000**	**70,000**	**79,000**	**77,000**	**77,000**	**76,700**	**71,500**	**65,600**	**67,200**	**67,540**	**67,530**	**67,083**	**67,837**	**67,100**	**20,200**	**30,400**	**28,900**	**27,800**	**27,000**
窒素系	メラミンシアヌレート																1,000	1,000	1,000	1,000	1,000
	小　計																**1,000**	**1,000**	**1,000**	**1,000**	**1,000**
合　計		***156,250***	***164,000***	***167,400***	***188,300***	***181,900***	***184,550***	***175,850***	***165,400***	***146,220***	***154,090***	***151,470***	***145,450***	***143,513***	***145,287***	***140,950***	***89,050***	***101,650***	***96,250***	***91,750***	***88,800***

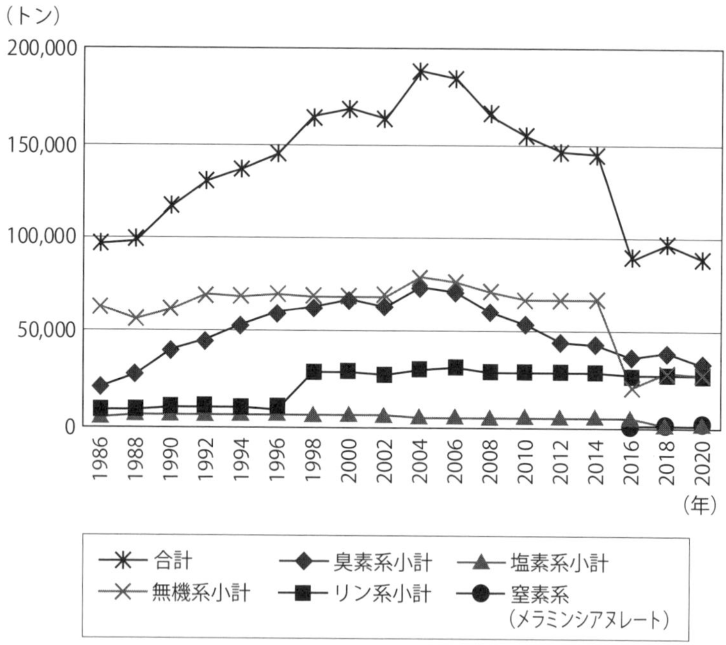

資料：化学工業日報社

【図１－７】日本の難燃剤需要量推移

への配慮から、安全性の高い難燃剤、暴露リスクの低い難燃剤が開発されており、火災安全の観点からしても、難燃剤の使用とその市場はますます大きくなると考えている。

第2章

難燃剤の作用機構と高分子の燃焼傾向

2.1　高分子材料の難燃メカニズムと使用の制限

2.1.1　はじめに

現在の難燃化技術は、約70年前にアメリカ空軍が航空服の難燃化を目的に、ナイロンに対して塩素化パラフィンと酸化アンチモンの組み合わせを発見した[1)]ことに始まる。その後、生活の質の向上とともにもらい火・発火防止のために難燃機能は発展した。例えば、自動車材料の難燃化においても、平成６年に内装材の難燃化が義務付けられた。その基準は、米国FMVSS302（Flammability of Interior Materials）が基となっている。その思想としては、発火時に乗員が安全に車両を停止し、避難できる時間を稼ぐことを目的としている。そのため、材料も発火後の伝播速度を遅延させることを重視している。まさに燃え難くするという難燃材料の考え方そのものである。本項では、高分子材料が燃焼抑制に至る難燃メカニズムについて説明する。

2.1.2　難燃材料とは

材料を難燃化する方法として、（１）外部添加法と（２）内部添加法がある。

（1）外部添加法

自動車の内装材料は、繊維が多く採用されており、難燃化手段としては、内部添加よりも外部添加が多い。いわゆる「繊維の難燃処理」である。一般的には、難燃剤をスラリー化し、それを結着剤とともに繊維を固定化させる処理となる。特に繊維は、細い束状になっていることから、比表面積が大きく、酸素との接触面積が多いことから、バルクよりも難燃化が困難といわれている。また、風合い、洗濯性、耐摩耗性等の繊維特有の性質を保持しつつ、難燃化を付加することとなる。

（２）内部添加法

難燃剤を予め樹脂に添加した難燃樹脂材料の構成は、高分子材料、難燃剤及びその他添加剤からなる。難燃樹脂材料を設計することは、複合高分子材料物性を設計することと同じ意味を持つ。なぜなら、添加剤の中で最も添加量が多いため、その難燃剤自体の性質が難燃樹脂材料の性能を左右することになる。例として、**図２－１**にリン酸エステル系難燃剤を樹脂に配合した際に生じる課題を示す。リン酸エステルを配合することで樹脂の難燃性は向上するものの、同時に可塑性が増す。それは、例えば、㋐成形性、㋑機械的特性、㋒熱的特性に影響する。㋐成形性は、可塑性増加に伴い、樹脂の金型内の流動性が増す。この流動性増加は、形状が複雑な部品によっては金型から外した成形品の先端部に焦げ跡のようなヤケを生じさせる。また、リン酸エステルは樹脂の種類により、相溶性不良のものがあり、樹脂表面に染み出すブリードによる金型汚染を生じさせる場合がある。㋑機械的特性は、可塑性増加に伴い、引張強さ、弾性率や耐衝撃性が低下する。㋒熱的特性は、熱変形温度（HDT：一定荷重下での熱変形温度測定試験）が低下する傾向がある。他にも帯電防止性や耐溶剤性等に影響を及ぼす特性があるが、このように多くの樹脂特性に影響を与える。

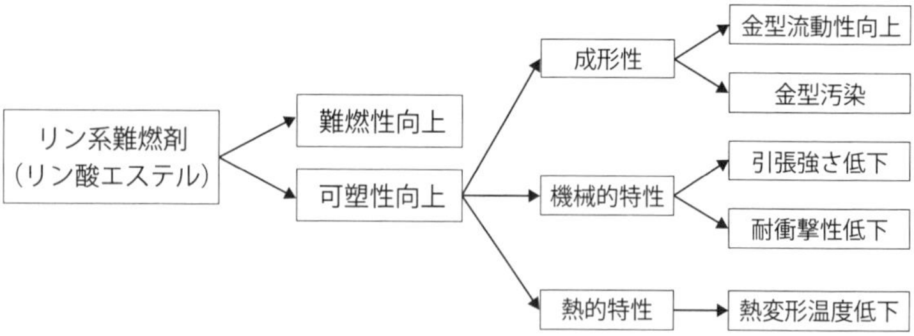

【図２－１】難燃剤配合の課題事例

２．１．３　樹脂材料の難燃機構と難燃化技術概要

現在では種々の難燃剤が樹脂に配合され、難燃樹脂材料として、電気・電子製品、車両用、及び建築物等の幅広い分野に利用されている。それら難燃樹脂材料の難燃メカニズムを**図２－２**に示す。その機構とは、燃焼場から生じた輻射熱等の物理現象と熱分解等の化学反応がそれぞれ次に生じる現象や反応の原因となり、連鎖性を持つ。更にはこの連鎖性が繰り返し継続し、進行する。ポリマーに接近した炎は周囲の②酸素を消費し、同時にポリマー表面に③輻射熱を伝える。そして、ポリマー表面から内部へと④伝熱し、⑤ポリマーを分解する。次に、⑥ポリマー分解物がポリマー中から気相中に拡散し、ポリマーに接近した炎へ燃料供給し、①燃焼場が形成される。この連鎖反応の継続により、燃焼は維持される。逆に燃焼の維持を防止するには、その連鎖反応を断ち切れば可能になる。この概念をポリマーの難燃化という。難燃化には、三つの代表的難燃機構（ラジカルトラップによる難燃化、チャー形成による難燃化、吸熱・希釈による難燃化）、があり、それらを**図２－３**に示すと

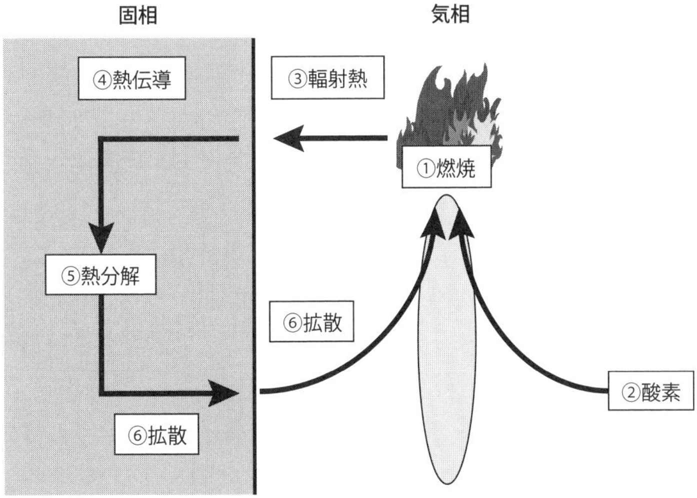

【図２－２】ポリマーの燃焼モデル

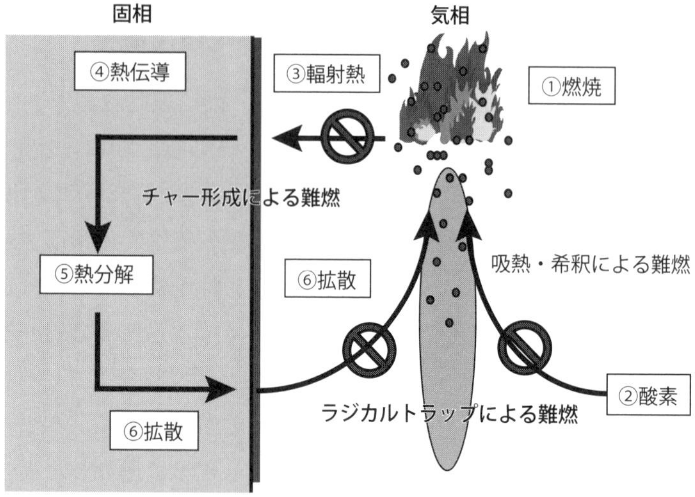

【図２－３】ラジカルトラップモデル図

ともにそれぞれの難燃機構概略を下記に示す。

①ラジカルトラップによる難燃化は、ポリマーから生じた分解ガスをラジカルで補足し、燃焼場への燃料供給を断つことで、燃焼連鎖反応を停止させる。代表的なものとして、臭素系難燃剤や塩素系難燃剤がある。

②固相（チャー形成）による難燃化は、燃焼時にポリマー表面を炭化し、燃焼場からポリマーへの伝熱とポリマーから生じた分解ガスの拡散を断つことで、燃焼連鎖反応を停止させる。代表的なものとして、リン系難燃剤がある。

③気相（吸熱及び希釈）による難燃化は、燃焼時にポリマーに添加した吸熱反応物質から吸熱反応が働き、ポリマーを冷却するとともに、吸熱物質がポリマーから生じた分解ガスの濃度を希釈し、燃焼場への燃料供給を断つことで、燃焼連鎖反応を停止させる。代表的なものとして、水酸化マグネシウム、水酸化アルミニウム等の難燃剤がある。

$$RH_2 + \tfrac{1}{2}O_2 \rightarrow \cdot H + \cdot OH + \cdot R \cdots\cdots ①$$
$$RX \rightarrow R\cdot + \cdot X \cdots\cdots ②$$
$$\cdot X + RX \rightarrow R\cdot + HX \cdots\cdots ③$$
$$HX + \cdot H \rightarrow H_2 + \cdot X \cdots\cdots ④$$
$$HX + \cdot OH \rightarrow H_2O + \cdot X \cdots\cdots ⑤$$

【図２－４】ラジカルトラップ反応モデル（X：Br、Cl、PO_3等）

図２－４にラジカルトラップの反応モデルを示す。ポリマーのラジカル分解（①）が生じ、その前後で難燃剤の分解（②）が生じる。生じた分解物の・Xラジカルが難燃剤にアタックし、HX（酸）を生じさせる（③）。次にその酸が①で生じた・Hと・OHをトラップし、H_2、H_2O、・Xを生じさせる（④、⑤）。①～⑤の連鎖反応となる。本反応中で可燃物の・H（水素ラジカル）と・OH（OHラジカル）をHX（酸）がトラップすることで、燃焼ガス中の爆発限界を低下し、難燃化が生じる。

次に、それらの難燃機構が難燃剤の種類別にどのように機能しているかを**表２－１**に示す。ここでは横軸に難燃剤の種類を縦軸に難燃機構別の難燃効果寄与を○△×で示す。実例としてポリプロピレン（PP）100

【表２－１】難燃機構と難燃剤種類の分類

	ハロゲン		ノンハロゲン		
	ハロゲン＋アンチモン	ハロゲンのみ	リン系	水和金属化合物	その他（例 シリコーン）
気相（吸熱または不活性物質放出）	○	×	×	○	×
固相（チャー形成）	×	×	○	×	○
ラジカルトラップ	○	○	△	×	×
効果（※25Phr添加時）	V-0	V-2	V-2	HB	HB

※PPに25Phrの難燃剤を添付したときの難燃性。
○：効果あり、△：少々効果あり、×：効果なし

質量部に対してそれぞれの難燃剤を25質量部添加した際の難燃効果を一般に電気製品で用いられるUL94規格のレベルで示す。UL94規格では、難燃レベルにより等級化されており、その高い順からV–0＞V–1＞V–2＞HBとなる。その結果、下記のことがわかる。

• ①ハロゲン＞ノンハロゲン

ハロゲン系難燃剤は、ノンハロゲン系より難燃性が優れる。ハロゲン系難燃剤は、単独使用でも中レベルの難燃性（UL94規格V–2）であり、酸化アンチモンとの併用では高レベルの難燃性（V–0）が達成可能である。しかし、ノンハロゲン系においては、リン系でV–2、その他の系では低レベルの難燃性（HB）である。ちなみに**表２－１**の難燃効果は、PPに25質量部（Parts　per resin；Phr）添加時であるが、難燃剤を更に多量配合すると難燃性が単純に向上するわけではない。例えば、PPに酸化アンチモン抜きのハロゲン系難燃剤のみ50Phr添加してもV–0は達成不可能であり、同様にハロゲン系難燃剤と同等量のリン酸エステルのみ50Phr添加してもV–0は達成不可能である。金属水和物に関しては、PPに150質量部添加時にV–0を達成することができる。以上のことから、下記の考察ができる。

• ハロゲン単独でもV–2止まり

ハロゲンと酸化アンチモンの組み合わせは、最も効果の高い難燃剤として、幅広い産業で使用されている。しかし、酸化アンチモン抜きでは、ハロゲンもその効果が半減する。例えば、PPにハロゲンのみ25質量部添加した場合では、V–2レベルだが、酸化アンチモンと併用することで同じ添加量25質量部で、V–0レベル達成が可能となる。

• 単独作用機構のみでは難燃化は困難

V–0レベルの難燃性を獲得しているのは、気相とラジカルトラップで双方の難燃機構を兼ね備えたハロゲンと酸化アンチモンの併用系のみである。その他の系は、単独、もしくはやや併用効果があるものに対しては、良好でもV–2レベルの難燃性であった。例えば、ラジカルトラップ機構のハロゲンのみをPPに25質量部添加することでV–2レベル、固相とややラジカルトラップ効果があると考えられるリン酸エステルでもV-2レベルであった。それにより単独作用機構のみでは高難燃化は困難であることがわかる。

また現在のところ、難燃剤で難燃効率が高いものはハロゲンと酸化アンチモンの併用系である。しかし、ハロゲンは特定臭素化合物の使用制限があり、特には事務機器についてはブルーエンジェルマーク（BA）にて外装カバーに臭素系難燃剤を含有した難燃樹脂材料の使用制限がある。更に酸化アンチモンは、化学品の危険有害性（ハザード）ごとに分類基準及びラベルや安全データシートの内容を調和させ、世界的に統一されたルールとして提供するGHS（Globally Harmonized System of Classification and Labelling of Chemicals）で発がん性の懸念が指摘されている[4)]。そこで、例えば事務機器の場合は、BAの施行以前には、アクリロニトリルブタジエンコポリマー（ABS）に臭素系難燃剤と酸化アンチモンの併用系難燃樹脂材料を使用していたが、BAの施行後にはマトリックスポリマーに難燃性の高いポリカーボネート（PC）ベースに変更し、マトリックスポリマーの難燃性の嵩上げをし、更にリン酸エステルを多量配合し、V-0レベルの難燃性を達成したものを使用しているのが現状である[5)]。

2．1．4　使用の制限

1990年代の半ば以降、RoHS規制やWEEEに代表されるEU指令（**第5章**参照）や、環境ラベルの認証機関であるBAやノルディックスワンが、樹脂材料に関して、使用禁止や厳しい使用制限を設定した（**表2－2**参照）。これらの法制化に先駆けてハロゲン系難燃剤を使用した樹脂を全廃する活動が事務機器メーカーを中心に進められてきた。近年、特定臭素系難燃材以外のハロゲン系難燃剤について材料安全性の確認データが蓄積されつつあり、その難燃効果の高さや材料リサイクル時の物性維持性の良さ等から、プラスの環境性能面を再評価する機運もある[8)]。しかし、その使用禁止や制限が一部緩和される動きもある反面、特定臭

【表２－２】難燃材料に関する規制動向

（年）

		1993	1996	1997	1998	1999	2000	2001	2002	2003	2004
EU指令					▼ ハロゲン系難燃剤使用禁止					⇒	適用除外
EU指令						▼ PBB、PBDE使用禁止					⇒ 適用（2006年度）
ブルーエンジェル	複写機	▼ 50g以上の部品へのPBB、PBDE使用禁止									
ブルーエンジェル	複写機				▼ PBB、PBDE、塩素化パラフィン使用禁止						
ブルーエンジェル	複写機				外装部材へのハロゲン系化合物の使用禁止					⇒	
ブルーエンジェル	プリンター		▼ PBB、PBDE、塩素化パラフィン使用禁止								
ブルーエンジェル	プリンター				外装部材へのハロゲン系化合物の使用禁止					⇒	
ブルーエンジェル	FAX.					▼ 外装部材へのハロゲン系化合物の使用禁止					
ノルディックスワン	複写機	▼ PBB使用禁止		▼ PBB、PBDE、塩素化パラフィン使用禁止							
ノルディックスワン	複写機				外装部材へのハロゲン系化合物の使用禁止					⇒	
ノルディックスワン	複写機				25g以上部品へのハロゲン系難燃剤の使用禁止					⇒	適用除外
ノルディックスワン	プリンター & FAX.		▼ 外装とシャーシへの塩素系プラ材使用禁止								
ノルディックスワン	プリンター & FAX.		外装とシャーシへのハロゲン系難燃剤及び塩素化パラフィン使用禁止							⇒	
ノルディックスワン	プリンター & FAX.			25g以上部品へのハロゲン系難燃剤の使用禁止						⇒	適用除外
日本エコマーク複写機						▼ 外装部材へのPBB、PBDE、塩素化パラフィン使用禁止				⇒	

※PBB：ポリブロモビフェニール、PBDE：ポリブロモジフェニルエーテル

素系難燃剤の法規制やラベル規制が欧州だけでなく世界的に広がったこと、バーゼル条約による各国のハロゲン系難燃剤に関する取り扱い基準が国際的に統一されていないこと、臭素系難燃剤は発がん性の懸念のある酸化アンチモン[9]と併用されることが多いこと等の理由から、臭素系難燃剤を新規部品に採用する動きは不透明である。一方、リン系難燃剤の事務機器への使用については、現時点で法的な規制やラベル規制が整いつつあり、REACH等の規制強化の動向が見受けられる[10]。リン系難燃剤の安全性の確認が日本難燃剤協会やGHS等において積極的に進められ情報公開されており、使用状況に十分な注意を要する[11]。EUエコラベルは、４種類EU Ecolabel（EU Ecoflower）、Nordic Swan、Blue Angel（BA）、TCO（The Swedish Confederation of Professional Employees）である。私見だが、この中で注意を要するのは、ドイツのBlue Angelであり、複写機等の電子電機製品の外装カバーに臭素系難燃剤と三酸化アンチモンの不使用を推奨している。例えば事務機器の場合は、BAの施行以前には、ABSに臭素系難燃剤と酸化アンチモンの併用

系難燃樹脂材料を使用していたが、BAの施行後にはマトリックスポリマーを難燃性の高いPCベースに変更し、マトリックスポリマーの難燃性を嵩上げし、さらにリン酸エステルを多量配合することで、V-0レベルのPC/ABSを使用しているのが現状である。ただ価格としては、臭素系ABSの方がPC/ABSより安価であり、その負担は製品価格に反映され、消費者が負担している。その他のラベルは、ビジネス上大きなインパクトはないが、注意は必要と思われる。EU全体としては、EU Ecoflowerによりラベル統一をしようと会議は重ねているが、大きな進展はない。また、米国発信のEPEAT（電気製品環境評価）制度が発令され、連邦政府機関では購入の95％がEPEAT登録製品であることが、大統領令で求められている。必須項目とオプション項目に分かれており、オプション項目の中にリサイクル樹脂やバイオマス樹脂を使用することが掲載されている[12)]。

2.2　樹脂別難燃剤の使用例

2.2.1　各種ポリマーの燃焼挙動（UL94）

図2－5に横軸に燃焼時の燃焼有効発熱量（全エネルギー量）と縦軸に最大発熱量（最大燃焼エネルギー）を樹脂別にプロットしたものを示す。このグラフを示した意図は、樹脂によっては、ポリ乳酸（PLA）やポリエチレンテレフタレート（PET）のように小さな炎で継続燃焼するもののあり、ポリエチレン（PE）のように短時間に大きな炎を発するもののあることから、それらの挙動を数値化し、樹脂間で傾向を把握した。このグラフより次のことがわかる。

- **燃焼エネルギーはポリマー間で相関性が生じる可能性**

最大燃焼エネルギーが小さいものは、燃焼時の全エネルギー量も小さいが、その逆に最大燃焼エネルギーが大きいものは、燃焼時の全エネルギー量も大きい傾向が観察される。樹脂間で直線に乗る可能性があり、

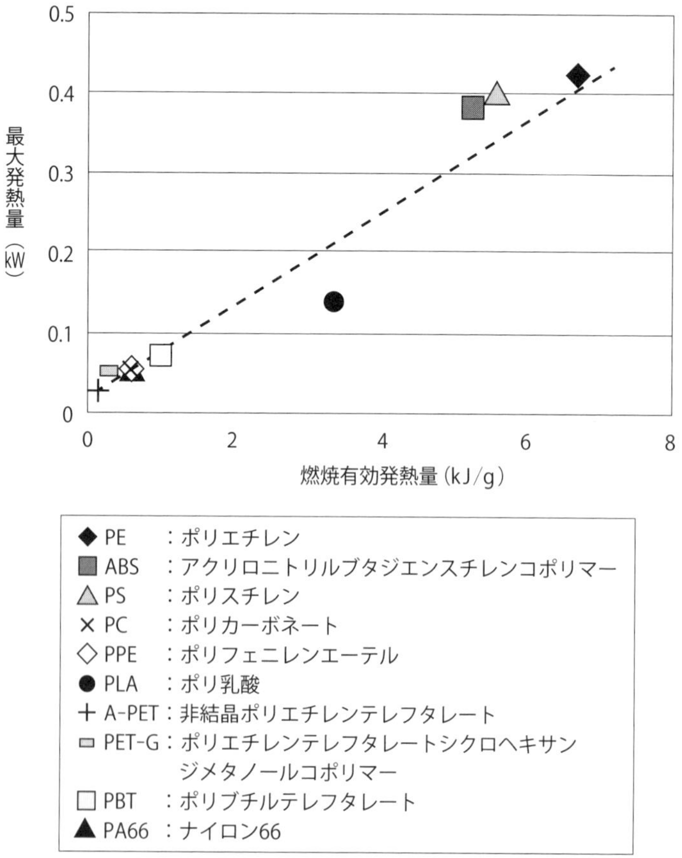

【図２－５】最大燃焼エネルギーと燃焼エネルギーの関係

今後データ数を増やして観察する必要がある。

・ポリエステルの燃焼熱量は小さい

PET、PBT、PLA等のエステル結合を持つものは、その燃焼エネルギーが小さい。おそらく、エステル結合が熱により開裂し易いことが理由と考えられる。その証拠にエステル系樹脂は、小さな炎で継続燃焼する。ただし、その炎の色は、青白いことから高温燃焼であることを示している。すなわち、熱により分解した燃焼源が、早期にガス化するため炎が青いと推測している。

次に、**図２－６**に横軸に着火してから樹脂が溶融し、落下するまでのドリップ時間と縦軸に最大燃焼エネルギーを樹脂別にプロットしたものを示す。そのドリップ時間とは、接炎してから初めにドリップするまでの時間のことを示している。本測定は、UL垂直試験に準じているため、10秒接炎であり、例えば、PLAは８秒でドリップしているが、接炎10秒に至らず、その前にドリップが生じていることを示す。このグラフより次のことがわかる。

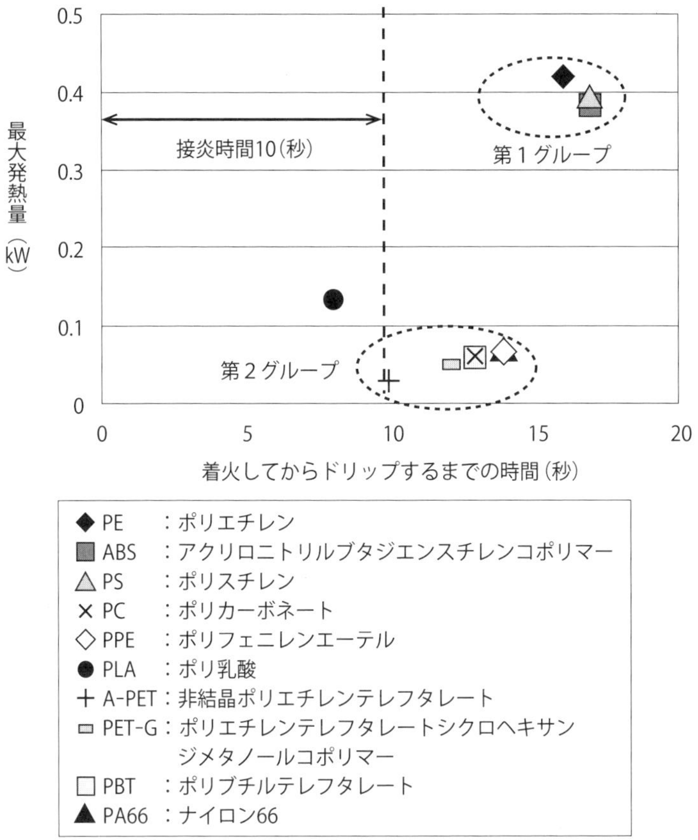

【図２－６】最大燃焼エネルギーとドリップ時間の関係

・ドリップの早いものは、燃焼エネルギーの小さい傾向にある。

傾向として、二つのグループに分かれている。一つ目は、汎用樹脂（PE、PS、ABS）はドリップが遅く、かつ最大燃焼エネルギーが大きい。二つ目は、ポリエステル系、PC、PA66等のドリップが速く、かつ最大燃焼エネルギーが小さい。大まかな傾向としては、二つ目グループのドリップの早いものは、燃焼エネルギーの小さい傾向にある。今後データ数を増やして、更なる相関性を観察する必要がある。

樹脂の燃焼傾向については、ポリマー構造と分解残渣から酸素指数を求める式を提唱し、実際の実験結果とも相関性があるD.W. van Krevelenの式がある[13)]。これは、難燃化の目安としては良いが、昨今最も用いられているUL94規格に対しては、燃焼させる試験状態が異なるため、参考にならない。そこで、よりUL94規格に即した論理構築のため、本測定を実施している。ここまでは、大まかな樹脂間の燃焼傾向について示したが、樹脂個々の燃焼挙動について例を挙げて示す。

2.2.2　応用例（1）

図２－７にポリ乳酸の燃焼挙動を示す。例えば、ポリ乳酸はポリエステル系特有の燃焼をする。炎が小さく、高温の炎で長時間燃焼を継続する。このような燃焼挙動は、エステル結合の分解が急速に生じることに起因している。そのためこれらの難燃化は、ドリップ物の落下を容認するV–2は容易である。しかしながら、ドリップ物がないV–0は、まずドリップを抑制せねばならない。その上で難燃処方を取得せねばならず、難易度が増す。例えば、火炎により生じるドリップは、単なる熱溶融と分解による低分子化による流動の２種類の現象が生じる。特に分解による低分子化は、ラジカルトラップ性難燃剤等をはじめとするラジカルを補足することで分解を抑制し、難燃化を獲得するシステムと相反する現象である。つまり、一方で火炎による分解が容易な因子が生じ、他方で分解を抑制し難燃化せねばならない相反する現象を同時に達成せねばならず、難易度が増す。

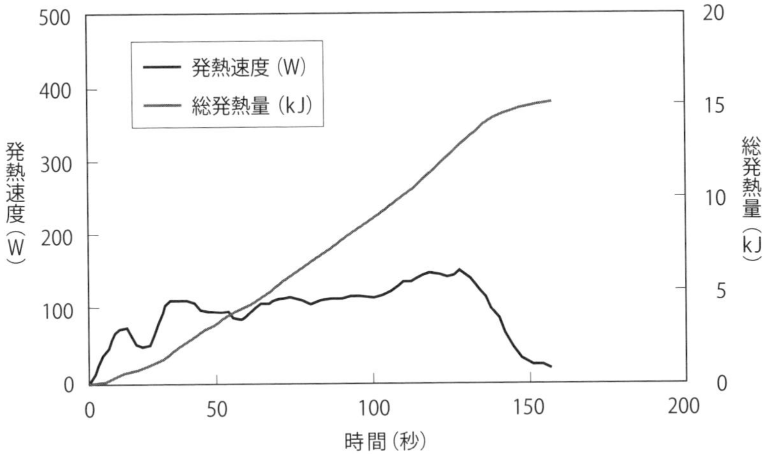

【図2－7】ポリ乳酸の燃焼時間と発熱速度の関係

その対策としては、分解が速いものに対しては、臭素系が最も有効である。なぜならば、リン系のリンは、リン原子単独ではなく、リン酸イオンとなり初めてラジカルトラップ効果が発現する。臭素原子単独の方が、リン酸イオンより原子径が小さいため、求核性が強い。更には、その際の具体的な難燃剤選定には、I.N. Einhornの分解温度や相溶性による選択が生じる[14)]。

I.N. Einhornの法則とは、樹脂と難燃剤の分解温度のマッチングであり、**図2－8**に概略図を示す。この法則は、熱分解時の難燃剤の分解挙動がポリマーの分解挙動とマッチすることが重要であり、ポリマーの分解曲線に対して、60－75℃低い温度で分解しはじめる難燃剤とポリマーが約50％分解し、その分解速度が最高点に達する時点で分解しはじめる2種類の難燃剤の組み合わせが効果的と解析している。

次に、UL94規格のようなバルク形状のみならず、フィルムや繊維状等の形状の違いによる燃焼挙動について、観察した結果を示す。フィルムや繊維は、その薄い形状が起因し、伝熱が容易となり、バルク形状とは異なる燃焼挙動を示す。

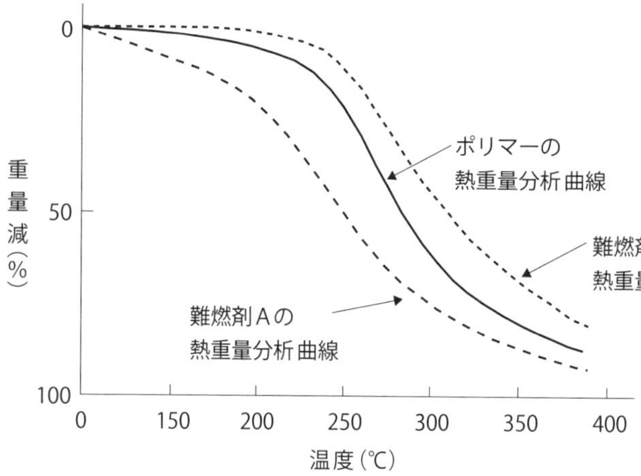

【図２－８】Einhornの法則

２．２．３　応用例（2）

PET繊維難燃化分類を**図２－９**に示す。大分類として、前処理と後処理がある。例として、前処理は、防炎カーテン等に、後処理は、車両用のファブリックに用いられている。繊維の難燃性獲得が困難な推定原因を下記に示す。

- 繊維形状が比表面積を増大させ、空気との接触面積を増大させている。
- その薄さが火炎の伝熱性を容易なものとさせ、伝播を助長している。

これらの推定原因に対する対策とは、比表面積の増大と伝熱性の容易さは、燃焼温度領域の低下が課題であると仮定し、これらの推定原因に対する対策として、低い温度領域で作用する低温分解型難燃剤を選定する。

具体的には、難燃温度領域の低下が起因と推測し、その対策には、低温分解難燃剤を選定する。例えば、それを検証するため、リサイクルPET（R-PET）にポリリン酸アンモニウム（APP）を添加した繊維は高難燃となった。結果を**図２－10**に示す。R-PETのみのControlと比較し

1）前加工（共重合）
a）PET構造中に難燃成分をコポリマーとして共重合させる方法
例）東洋紡　ハイム（リン重合PET)、東レ　トレビラ（リン重合PET）

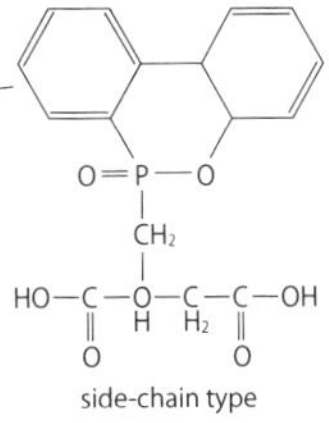

b）PET中にリン酸エステル等の難燃剤を混練する方法

2）後加工（難燃剤付加）
a）反応性
PETのOH基を利用して、リン酸エステルをエステル交換し、化学的に難燃成分を付加させる方法

b）非反応性
難燃剤を繊維中に含浸させる方法（染色と同じメカニズム、結着剤も利用する）

【図２－９】繊維の難燃化処理方法

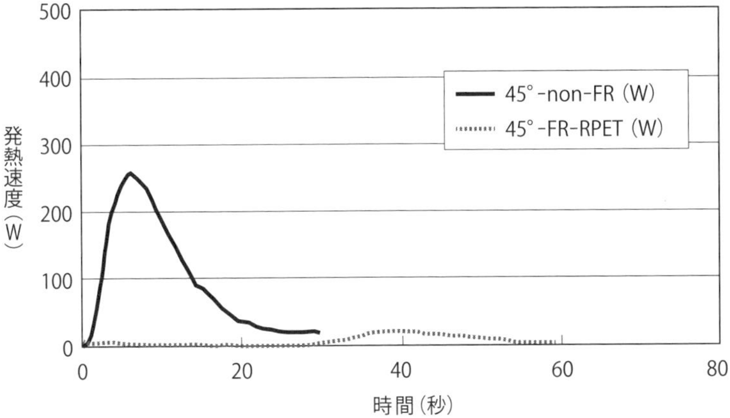

【図２－10】45°傾斜燃焼（JIS L 1091 A-1）

て、R-PETにAPP５％配合した繊維（FR-RPET）を編組したものは、JIS L 1091（45度傾斜法）に沿い、マルチコーンカロリメーターにて発熱量で測定した結果、R-PETが容易に大きな熱量を以て燃焼するのに対し、R-PETにAPP５％配合ファブリックは、燃焼することはなかった。

【参考文献】

1）「History of Polymeric Composites, A history of Halogenated Flame Retardants」, VNU Science Press（1987）

2）平成14年度　消防白書　消防庁発行

3）西澤　仁 監修：「難燃材料活用便覧」テクノネット社，P173（2002）

4）“安全衛生情報センターGHS モデルMSDS情報”
http://www.jaish.gr.jp/anzen/gmsds/1309-64-4.html
（accessed 2011/3/2）

5）前山ら，富士ゼロックステクニカルレポート，17，21（2007）

6）位地，難燃材料研究会第17回プログラム，第６章（2007）

7）“NIST building and fire publications”
http://www.fire.nist.gov/bfrlpubs/bfrlall/O.html
（accessed 2011/3/2）

8）西澤　仁：「これでわかる難燃化技術」，工業調査会（2003）

9）http://www.jaish.gr.jp/anzen/gmsds/1309-64-4.html
（accessed 2011/07/20）

10）http://www.env.go.jp/chemi/reach/reach.html
（accessed 2011/07/20）

11）http://www.frcj.jp/siryo/rin/main.html
（accessed 2011/07/20）

12）http://www.epeat.net/　（accessed 2011/07/20）

13）D.W. van Krevelen, Polymer, 16, P615（1975）

14）I.N. Einhorn, paper presented at polymer conference series on flammability characteristic of polymeric materials, University of Utah, june, 15（1970）

第3章

難燃剤の利用と難燃規制

3.1　家具・調度品の難燃規制

防火対策の最も基本的な手段に「出火防止」がある。出火防止対策の有力な手法の一つが、建材や家具調度品など身の回りにある物品を燃えにくくしておくことである。

ここでは、日本で行われている難燃規制、特にカーテンやじゅうたん等家具・調度品に対する難燃規制及びその他の物品の難燃化推進の仕組みとその特徴について述べる。

3.1.1　第一着火物

建物内にある物品で、難燃化しておくと出火防止に効果があるものとしては、建材、家具調度品、衣服などが挙げられる。

表3－1は、日本の火災統計で、建物火災の際に最初に着火した物品（第一着火物）別の出火件数を見たものである[1)]。

これら第一着火物となった物品のうち火災件数の多いものを難燃化しておけば有効な出火防止対策となるが、調理用の油や紙くず、木くずなどを難燃化しておくことはできないため、可能なものは限定される。このような限界性を考慮し、難燃化が可能なものを**表3－1**の「難燃化の可能性」の欄に○を付けて表示した。

ここで、「防炎（法）」とは消防法第８条の３に基づき難燃規制の対象となっていることを指し、「防炎」とは（公財）日本防炎協会の難燃化推奨制度の対象となっていることを指す。これ以降、消防法第８条の３に基づく難燃規制及び（公財）日本防炎協会の推奨制度に基づく「難燃」を「防炎」と称する。なお、「難燃」には特に断らない限り「防炎」の意味を含む一般的な用語として用いることとする。

性能については後述（**3.1.5項**参照）するが、一般に、「防炎」の性能は建築基準法施行令（以下「建基令」という。）第１条第６号に定める「難燃材料」の有する難燃性能に比べると低い。

【表３－１】建築物・車両等の火災の着火物別出火件数（2018年）と難燃規制等の状況

着　火　物		出火件数	比率	難燃化の可能性	規制等の有無
建築物・建具・車体・船体・機体	電線被服類（車体等含む）	985	4.68	○	難燃
	柱・けた・はり	267	1.27	○	
	板張・ベニヤ壁	196	0.93	○	難燃
	畳	107	0.51	○	
	土台	106	0.50	○	
	椅子・ソファ	83	0.39	○	防炎
	カーテン	78	0.37	○	防炎（法）
	カーペット	118	0.56	○	防炎（法）
	木ずり	93	0.44	○	
	板屋根	72	0.34	○	
	その他	1,654	7.85		
	小　　計	3,759	(17.85)		
建築物（車両・船舶・航空機）内収容物	合成樹脂と成形品	3,103	14.74	○	
	動植物油	1,537	7.30		
	袋紙製品	1,510	7.17		
	ゴミくず	1,402	6.66		
	ふとん・座ぶとん・寝具	1,214	5.77	○	防炎
	衣類	1,091	5.18	○	防炎
	繊維製品	950	4.51	○	防炎
	紙くず・わらくず	666	3.16		
	第１石油類	663	3.15		
	第２石油類	438	2.08		
	その他	4,725	22.44		
	小　　計	17,299	(82.15)		
建築物・車両等の火災の合計		21,058	100.00		

資料：『平成30年（2018）火災年報』（消防庁防災情報室）より作成

3．1．2　建築基準法の内装制限と消防法の防炎規制

第一着火物になる可能性のある物品の難燃化（防炎化）の推進については、以下のような手法がある（**図３－１**参照）。

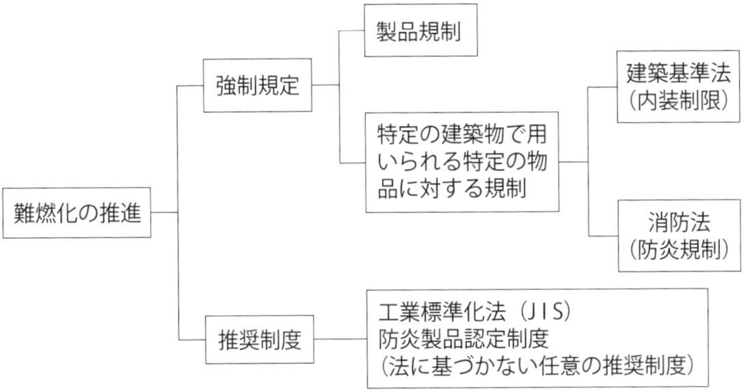

【図３－１】難燃化の推進と規制手法の関係

日本では、防火対策に関係する法令として建築基準法と消防法があり、これらの他に、製品の安全に関する法律が幾つかある。

物品の難燃化については、特定の建築物に用いられる「建築材料」に対する強制規定を建築基準法が担保し、特定の建築物に用いられる「建築材料以外の物品」に対する強制規定を消防法が担保している。日本では、特定の製品に難燃化を義務付ける「製品規制」は行われていないが、推奨規定として、工業標準化法に基づくJISの規定がある。

また、法律に基づかない任意の推奨制度として、「防炎製品認定制度」（公益財団法人 日本防炎協会）がある。

（1）建築基準法の内装制限

建築基準法は、建築物を構成する床、壁、天井、柱、梁などの耐火性能とそれらの建材の不燃性能や難燃性能を規定しており、出火防止に関係する規定としては「内装制限」（建築基準法第35条の２、建基令第128条の３の２～第128条の５）がある。

「内装制限」とは、以下の目的のため、一定の建築物の壁や天井の仕上げ及び／又は下地を不燃材料、準不燃材料（石膏ボード相当）又は難燃材料（難燃措置をした合板相当）とすることを求める規制である。

①建材への着火を防ぐことにより火災の発生を防止する

②フラッシュオーバーの発生を防止し又は遅延させることにより、火

災の拡大を防止する

③延焼速度を遅くすることにより避難安全性能を高める

上記①を目的とした調理室等の内装制限では、壁や天井の仕上げに難燃材料を用いることは認められておらず（建基令第128条の５第６項）、少なくとも準不燃材料としなければならない。

上記②や③を目的とした内装制限については難燃材料も認められており、結果的に①（着火防止）にも一定の効果を有することが期待されている。

表３－１の物品のうち、建築基準法の内装制限の対象としては、**表３－１**に「難燃」と表示した物品（「板張・ベニヤ壁」）の一部が該当すると考えられる。

（２）消防法の防炎規制とその対象

一定の建築物に用いられる建築材料以外の物品のうち一定のものについて難燃化を義務付けるのが消防法の役割であり、1968年の消防法改正により導入された。消防法では、物品の難燃性能を「防炎性能」と称している。

消防法では、特定の防火対象物（法律上、「防火対象物とは、山林又は舟車、船きょ若しくはふ頭に繋留された船舶、建築物その他の工作物若しくはこれらに属する物をいう。（消防法第２条第２項）」とされているが、本章では「建築物」と同義と考えてよい。）で用いられる特定の物品は、防炎性能を有するものとしなければならないこととされている。この防火対象物は、以下の通りとされている。

高層建築物と地下街については、防炎規制が創設された1968年当時、日本で最初の超高層ビル（霞が関ビル）が建設中であり、また大規模な地下街が全国のターミナル駅等の地下に次々に建設されていた。

これらは、いずれもその後の急増が見込まれていたが、火災になった場合の消防活動が極めて困難であることも指摘されており、極力火災を発生させない対策が求められていた。このため、防炎規制の対象とすべ

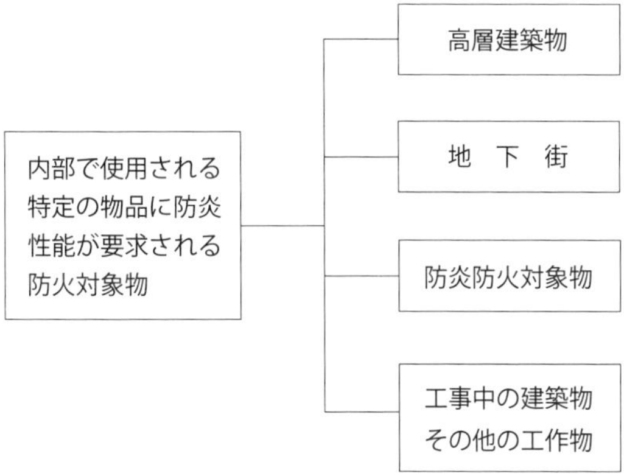

【図３－２】防炎性能が要求される防火対象物
（消防法第８条の３第１項、同法施行令第４条の３第１項）

きものの例として、高層建築物と地下街が法律に特別に示されたものである。

図３－２を見れば明らかなように、「防炎防火対象物」は用途だけからきている概念であり、高層建築物や地下街は「防炎防火対象物」の範疇には定義上含まれないので留意する必要がある。「防炎防火対象物」は消防法施行令（第４条の３第１項）で定められる用途のもので、具体的には**表３－２**の通りである。

これらの用途のうち（12）項ロ（映画スタジオ、テレビスタジオ）以外の用途は、火災が発生すると人命危険が高いとされて消防法令上特に厳しい規制が課せられている「特定防火対象物」（消防法第17条の２の５第４号）と同一である。

防炎防火対象物として「特定防火対象物」以外に特に映画スタジオ等が指定されているのは、出火危険性、使われ方、形態、避難危険性などが劇場等と類似しているためであると考えられる。

複合用途防火対象物については、防炎防火対象物の用途に供される部分は一の防炎防火対象物とみなされ、その部分にのみ防炎規制が適用される（消防法施行令第４条の３第２項）。

【表3－2】防炎防火対象物

政令別表第一に定める項の番号	主な用途	政令別表第一に定める項の番号	主な用途
(1) イ	劇場、映画館等	(4)	物品販売店、展示場等
(1) ロ	公会堂、集会場	(5) イ	旅館、ホテル等
(2) イ	キャバレー等	(6) イ	病院、診療所等
(2) ロ	遊技場、ダンスホール	(6) ロ	特別養護老人ホーム等
(2) ハ	風俗営業施設	(6) ハ	保育所、障害者支援施設等
(2) ニ	カラオケボックス等	(6) ニ	幼稚園等
(3) イ	待合、料理店等	(9) イ	蒸気浴場、熱気浴場等
(3) ロ	飲食店	(12) ロ	映画スタジオ、テレビスタジオ
		(16の3)	準地下街

また、工事用シートの使用が義務付けられる工事中の建築物その他の工作物は、**表3－3**の通りである。

「二　プラットホームの上屋」と「三　貯蔵槽」は、建築基準法における「建築物」の定義（建築基準法第2条第1号）から「プラットホームの上屋」と「貯蔵槽」が除かれているのを補う意味で指定されているものと考えられる。従って、「建築物」以外の「その他の工作物」で工事用シートの使用が義務付けられているのは、事実上「化学工業製品製

【表3－3】工事用シートの使用が義務付けられる工事中の建築物その他の工作物（消防法施行規則第4条の3第1項）

一　建築物（都市計画区域外の専ら住居の用に供するもの及びこれに附属するものを除く。）
二　プラットホームの上屋
三　貯蔵槽
四　化学工業製品製造装置
五　前二号に掲げるものに類する工作物

造装置」のみである。貯蔵槽と化学工業製品製造装置が対象となっているのは、この種の施設やその周囲には危険物が貯蔵され又は取り扱われることが多いため、工事中に火災になると特に危険性が高いためであると考えられる。

3．1．3　防炎対象物品と防炎物品

消防法では、**表３－４**の物品が**図３－２**に示す防火対象物に使用される場合には、その物品に一定の防炎性能が要求される。このような物品

【表３－４】防炎対象物品の種類
（消防法施行令第４条の３第３項、同施行規則第４条の３第２項）

カーテンに類する物品	じゅうたん等の床敷物	舞台の着火防止に関する物品	その他
• カーテン • 布製のブラインド • 暗幕	• じゅうたん （織りカーペット） • 毛氈 （フェルトカーペット） • タフテッドカーペット、ニッテッドカーペット、フックドラッグ、接着カーペット及びニードルパンチカーペット • ござ • 人工芝 • 合成樹脂製床シート	• 緞帳その他舞台において使用する幕 • 舞台において使用する大道具用の合板	• 展示用の合板 • 工事用シート

【図３－３】防炎ラベルの例

を「防炎対象物品」と呼ぶ。また、所定の防炎性能を有する防炎対象物品を「防炎物品」と呼び、**図３－３**のような通称「防炎ラベル」が貼付される。

３．１．４　防炎対象物品の推移

（１）防炎制度施行当初（1969年）の防炎対象物品

防炎制度が施行された当初（1969年）に防炎対象物品として指定されたのは、カーテン、暗幕及び緞帳その他舞台において使用する幕類並びに工事用シートである。

これらの物品の指定にあたっては、消防法に基づく防炎制度に先行して（1961年）、劇場、映画館、ホテル等公衆集会場で用いられるカーテン等を防炎化すべきとの規定が「火災予防条例準則」に盛り込まれていたことが大きく影響している。

カーテン類は、繊維が垂直に垂れ下がっており着火物になり易いと考えられたこと、建物に付随して設置され規制対象にし易いと考えられたことなどが、当初から防炎性能が要求された理由であると考えられる。

あまり普遍的に用いられる物品ではない「舞台において使用する幕類」に防炎性能が要求されたのは、共立講堂火災（負傷者11人、1956年、東京都）、明治座火災（負傷者９人、1957年、東京都）、東京宝塚劇場火災（死者３人、負傷者25人、1958年、東京都）など東京で劇場等の火災が相次いだとき、その出火原因が舞台部の幕類が接炎着火したことだったことから、東京消防庁が舞台部の幕類の防炎化を強く指導していたためである。

さらに、磐梯熱海温泉磐光ホテル火災（死者30人、負傷者41人、1969年、福島県）の出火原因が、ホテルの舞台で行われたショーに用いられたたいまつの火が幕類に着火したことだったことも、同年に行われた防炎対象物品の指定に大きく影響している。

また、火災予防条例準則で防炎規制の対象とされていなかった工事用シートが当初から防炎対象物品として指定されたのは、1962年に東京都、札幌市及び北九州市の火災予防条例で工事用シートが防炎規制の対象として定められるなど、当時、工事現場で工事用シートに着火する火災が問題視されていたためであると考えられる。

なお、工事用シートは、立ち上がっている状態で使用されるもののみが規制の対象とされ、コンクリートの養生、工事用機械の覆いなどとして使用されるものは含まれないこととされており（1969年消防予第61号消防庁次長通知第２、四）、当初の防炎対象物品にじゅうたん等が指定されていないことも合わせ考えれば、当時は、「水平の状態で使用される繊維製品を防炎化しても着火防止にはあまり有効でない」と考えられていたことがうかがえる。

（２）1972年の防炎対象物品の追加

1972年の消防法施行令の改正により、防炎規制の対象となる防火対象物（後述）の拡大や防炎試験方法の制定など、防炎制度に関する一連の整備が行われた。

その一環として防炎対象物品に、新たに

- 布製のブラインド
- 展示用の合板又は繊維板
- 舞台において使用する大道具用の合板又は繊維板

が追加された。

これらが追加された理由は明示されていないが、布製のブラインドについてはカーテン同様の出火特性があるのに「カーテンではない」として規制されていなかったこと、大道具用の合板等については舞台部における出火特性が幕類に類似することなどのためであると考えられる。

また、展示用の合板等については、同時に行われた消防法施行令の改正で「展示場」が百貨店やマーケットと同じ用途分類として明示的に規定されたことに伴い、展示場の出火危険を防止するための方策として、大道具用の合板等と同様の出火特性がある展示用の合板等が防炎対象物品として指定されたものと考えられる。

（３）1978年の防炎対象物品の追加（じゅうたん等）

1978年には、防炎対象物品にじゅうたん等が追加された。その直接のきっかけは、スナック「エルアドロ」の火災（死者11人、負傷者２人、1978年、新潟県）で内装に毛足の長いじゅうたんが用いられていたことが着火、延焼拡大を助長したとされたことであるが、1971年に発生した韓国大然閣ホテル火災（死者163人）でじゅうたん類が延焼拡大の要因になったことから、1972年に東京都火災予防条例で床敷物類に対する防炎規制が行われるようになっていたことが大きく影響している。

（４）1986年の防炎対象物品の一部除外（繊維板）

1986年には、防炎対象物品から展示用の繊維板及び舞台において使用する大道具用の繊維板が除かれた。これは、当時、日本の貿易黒字が巨額になりアメリカ経済を脅かすほどになっていたため、1985年に政府・与党対外経済対策推進本部が「市場アクセス改善のためのアクション・プログラムの骨格」を決定し、規制緩和を積極的に推進したことによるものである。この日本全体の方針に沿い、消防庁においても、火災危険の増大にあまり大きく影響しないと考えられるこの２種類の防炎物品を規制対象から除いたものである。

3．1．5　防炎性能

防炎対象物品に求められる防炎性能は、消防法施行令（第４条の３第４項）で定められ、消防法施行規則（第４条の３第３項～第７項）で定める試験方法に従って試験体に炎を接した場合に、**表３－５**に示す性能を有することとされている。

防炎対象物品には、繊維製品の他に合板などもあり、その製品特性、材料、形状、厚さ等により防炎化のし易さに大きな幅がある。

着火防止の観点から考えれば、すべての防炎対象物品に同一の防炎性能が要求されるべきであり、確かに消防法施行令では統一的な防炎性能が定められているように見える（**表３－５**参照）。

【表3－5】防炎対象物品に求められる防炎性能

指　標	定　義	基　準	溶融性の物品（じゅうたん以外）	じゅうたん等	その他の物品
残炎時間	着炎後バーナーを取り去ってから炎を上げて燃える状態がやむまでの経過時間	20秒未満で省令で定める時間以内	○	○	○
残じん時間	着炎後バーナーを取り去ってから炎を上げずに燃える状態がやむまでの経過時間	30秒未満で省令で定める時間以内	○	－	○
炭化面積	着炎後燃える状態がやむまでの時間内において炭化する面積	50㎠未満で省令で定める面積以下	○	－	○
炭化長の最大値	着炎後燃える状態がやむまでの時間内において炭化する長さの最大値	20㎝未満で省令で定める長さ以下	○	○	－
接炎回数	溶融し尽くすまでに必要な炎を接する回数	3回以上で省令で定める回数以上	○	－	－

〔注〕○印は、防炎対象物品の種類ごとに指定されている指標を示す。

しかしながら、防炎性能を一律に定めた場合、高い防炎性能が要求されると防炎化しにくい物品が排除される可能性があるし、逆に、防炎化しにくい物品に合わせて低い防炎性能が要求されると、防炎化し易い物品にとっては潜在的な性能を発揮することが阻害されることになる。

このため実際には、この表で「省令で定める」とされている試験方法や基準が防炎対象物品の種類や材料特性ごとに異なっており、それぞれの特性や性能限界に応じた防炎性能基準となるよう工夫されている。

3．1．6　防炎製品認定制度

表3－1で第一着火物になり易いとされている寝具類、座布団、衣類等は、建築基準法の内装制限においても、消防法の防炎規制においても、規制の対象とはされていない。これは、両法が主として建築物等の安全対策を定めており、特定の建築物本体に組み込まれている特定の物品に対する規制でないとなじみにくいためである。建築物との一体性が低い

【表３－６】防炎製品の種類

防炎製品の種類	主な用途・対象
(1) 寝具等側地 （ア）寝具等側地 （イ）寝具等完成品側地	 ふとん側地、マットレス側地 等 敷布、ふとんカバー、枕カバー 等
(2) ふとん類	ふとん、座ぶとん、ベッドパッド、枕（陶製や藤製のものを除く）、マットレス 等
(3) 毛布類	毛布、ベッドスプレッド、タオルケット 等
(4) テント類、シート類、幕類 （ア）テント類 （イ）シート類 （ウ）幕類	 軒出テント、装飾用テント、キャンプ用テント 等 養生用シート、積荷カバーのような可燃物に被せる汎用的なシート 等 のぼり旗、横断幕のような広告幕 等
(5) 自動車・オートバイ等のボディカバー	
(6) 非常持出袋	
(7) 防災頭巾等	
(8) 防災頭巾等側地	
(9) 防災頭巾等詰物類	防災頭巾用中わた、プラスチック発泡体 等
(10) 衣服類	パジャマ、エプロン、割烹着、アームカバー 等
(11) 布張家具等	椅子、ソファー、ベッドマットレス 等
(12) 布張家具等側地 （ア）布張家具等側地 （イ）布張家具等完成品側地	 椅子側地、ソファー側地、椅子カバー、ソファーカバー 等 張替用途可（ベッドマットレス用途を除く）
(13) 木製等ブラインド	「布製」以外の様々な素材から成るブラインド
(14) 災害用間仕切り等	避難所や仮設更衣室等で使用する間仕切り
(15) ローパーティションパネル	オフィス等で使用する独立型の間仕切り（床から天井までを固定したものを除く）
(16) 展示用パネル	「合板」以外の材質から成る展示用パネル
(17) 祭壇	
(18) 祭壇用白布	
(19) 襖紙・障子紙等	
(20) マット類	カーマット、キッチンマット、バスマット、祭壇マット、灰皿マット 等
(21) 防護用ネット	網目寸法が12mmを超える防護用ネット
(22) 防火服	
(23) 防火服表地	
(24) 防火服用高視認性素材	
(25) 活動服	
(26) 作業服	特殊作業服等や消防隊員用服装を除く

資料：公益財団法人 日本防炎協会発行「防炎製品いろいろ」

これらの物品に難燃規制を行うには、工場から出荷される製品の段階で「製品規制」として難燃性能を義務付ける方法があるが、建築基準法については立法趣旨からして、消防法については立法技術的に、困難であると考えられる。

しかしながら、**表3－1**を見ると、これらの物品が難燃性能を有していれば、出火防止に有効であることは明らかである。

後述するように、アメリカやイギリスでは、建築基準法や消防法以外の法律により、国内で用いられる特定の物品に生産段階で一定の難燃性能を要求する「製品規制」が行われているが、日本では「製品規制」は行われていない。

その代わりとして、1975年に消防庁の指導により、学識経験者、試験機関代表、消防機関代表等からなる「防炎製品認定委員会（事務局：公益財団法人（公財）日本防炎協会）」が設けられ、同協会による「防炎製品認定制度」が、法律に基づかない任意の制度として運営されている。

この制度は、**表3－6**に示すような物品について（公財）日本防炎協会が防炎性能の試験方法や基準を定め、希望者の申請に応じて所定の試験を行い、所定の防炎性能を有すると認める場合には、その旨の表示（防炎製品ラベル）の貼付を認めるというものである（**図3－4**参照）。

防炎製品については、消防庁の指導により、全国の消防機関が春秋の火災予防運動など様々な機会を通じてその使用を推奨している。

【図3－4】防炎製品ラベルの例

３．１．７　防炎品の使用量と使用率

（１）防炎品の使用量

図３－５と**図３－６**は、防炎物品と防炎製品（以下「防炎品」という。）の使用量の推移を、防炎ラベルの交付枚数で見たものである。

図３－５と**図３－６**から、以下の傾向が読み取れる。

①法規制対象物品である防炎物品のラベル交付数量については、

㈠防炎カーテンはずっと増加傾向にあったが近年はやや減少傾向にあること（**図３－５**参照）

㈡工事用シートは1990年頃まで増加した後は横ばいだったが、2000年頃以降は増加傾向に転じていること（**図３－５**参照）

㈢布製ブラインドと合板は1990年頃まで増加したあと減少傾向に転じたが、2010年以降は再び増加傾向にあること（**図３－６**参照）

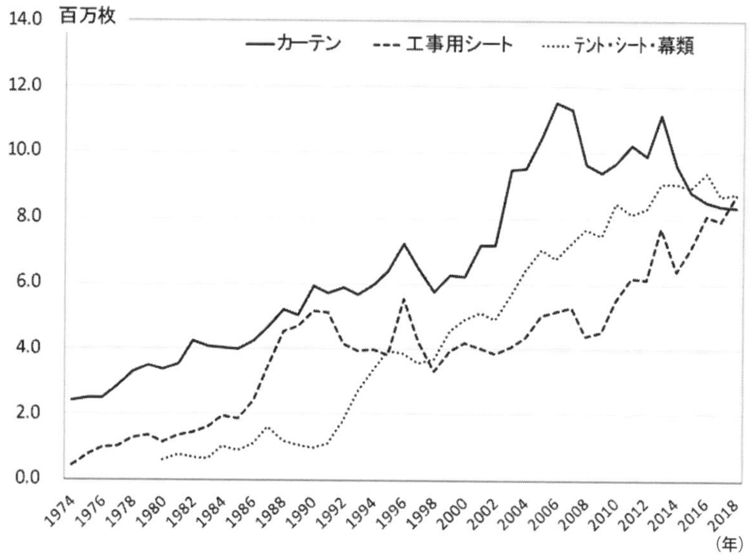

資料：公益財団法人 日本防炎協会

【図３－５】カーテン、工事用シート及びテント・シート幕類の防炎ラベル交付枚数（1974－2018年）

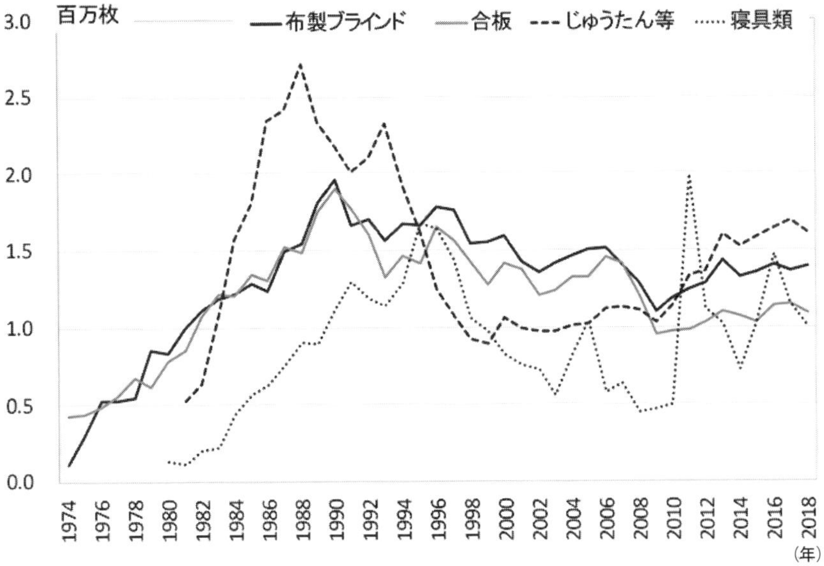

資料：公益財団法人 日本防炎協会

【図3－6】布製ブラインド、合板、じゅうたん等及び寝具類の防炎ラベル交付枚数（1974－2018年）

㈣防炎じゅうたん等は1988年まで急増した後急減したが2010年以降は再び増加傾向にあること（**図3－6**参照）

②非法規制対象物品である防炎製品のラベル交付数量については、

㈠テント・シート・幕類はほぼ順調に増加していること（**図3－5**参照）

㈡寝具類は1996年頃まで増加した後は急減したが、2005年、2011年及び2016年に突発的に急増していること（**図3－6**参照）

上記②㈡で、突発的に急増しているのは、阪神・淡路大震災（1995年）、新潟県中越地震（2004年）、東日本大震災（2011年）及び熊本地震（2016年）により、地方自治体の避難所用の防炎毛布の需要が急増したためである。

これらの傾向を見ると、法規制対象物品については、法規制後しばらくの間は法規に適合させるために使用量が増加するが、ある時期を過ぎた後は生産実態や社会の需要動向によって使用量が左右されるようになっているように見える。これに対して非法規制対象物品の使用量は、初めから生産実態や社会の需要動向によって左右されており、これはある意味で当然のことである。

（２）防炎品の使用率

第一着火物となり易い物品のうち防炎品がどの程度の割合で使用されているか、また、その火災発生防止効果がどの程度であるかを知りたいところであるが、各物品の生産量と防炎品の生産量を厳密に調べることは難しい。

ちなみに、（公財）日本防炎協会に大手織物会社の見本帳などを調査していただいた結果からは、「最近日本で製造されるカーテンやじゅうたんの７割〜８割程度は防炎品である可能性があるが、輸入品は非防炎品の比率が高いので、全体の販売量における防炎比率は７割を下回ると考えられる。」ということのようだ。

いずれにしろ日本では、カーテンやじゅうたんについては、法規制の有無に関わらず相当高い比率で防炎品が使用されていると考えられ、**表３－１**でカーテンやじゅうたんが第一着火物となることが少ないのは、このことが関係している可能性もあると推測される。

３．１．８　諸外国の制度との比較

難燃化の推進と規制手法との関係は**図３－１**に示した通りであり、一定の製品に難燃性能を義務付ける「製品規制」と、特定の建築物に用いられる特定の物品に難燃性能を義務付ける「建築用途別規制」、及び、難燃性能のある一定の製品を推奨する「推奨制度」の三種類がある。

（公財）日本防炎協会の調査（防炎品等の国際動向対応を目的とした海外の法規制及び認証制度等調査業務報告書（2012年））では、寝具、布張り家具、カーテン、じゅうたん、衣類等の５品目について、これら規制手法との関係を国別に整理している。

【表3－7】各国の防炎規制の比較

国・地域	寝具	（布張り）家具	カーテン	じゅうたん	衣類等
日　本	△	△	○	○	△
アメリカ（連邦）	◎	○	○	◎	◎
アメリカ（カリフォルニア州）	◎	◎	○	◎	◎
イギリス	◎	◎	○	○	◎
韓　国	－	－	○	○	－

〔注〕（凡例）◎：製品規制、○：建築用途別規制、△：推奨制度、
－：制度等が見あたらない

表3－7は、調査対象とした国の制度と日本の制度を比較したものである。

表3－7を見ると、

①カーテンとじゅうたんについては、建物用途別規制と製品規制の違いはあるが、いずれにしろどの国も防炎規制の対象としていること。

②アメリカやイギリスでは、寝具や布張り家具についても、規制によって防炎化を推進しようとしていること。

③衣類のうち、寝衣など特定のものについても、寝具と同様、製品規制の対象としていること。

などがわかる。

【参考文献】

1）火災年報第75号，平成30年（2018），総務省消防庁防災情報室，第3－17表　全火災の年別・着火物別出火件数

3.2　家電製品

3.2.1　はじめに

家電製品の難燃化は、ラジオ受信機からテレビ時代に移る1960年頃

から注目されはじめた。その中で米国におけるテレビの火災事故の増加による消費者安全協会の対策の一つとして現在も認定機関として知られているUL（Underwriter Laboratories）では、テレビ製品のプラスチックス材料の難燃規格を強化し、これが日本へも影響したことはよく知られている。

日本の現在の家電製品の安全規格、難燃規格は、国際電気規格のIEC（International Electrictechnical Commission）規格を基にした電気用品安全法を主体とした規格を運用しており、更に国際的には、UL規格、CSA規格等との相互承認制度に参加して一つの国で承認を取得すれば、相互承認制度に参加している国であれば再度の認証取得の必要がない制度も採用されている。

ここでは、このような背景を基にして代表的な家電製品を例にして適用されている高分子材料の難燃規制とそこで採用されている難燃性試験方法及び家電製品に使用されている難燃剤、難燃系の種類について紹介したい。なお、特に難燃規制、難燃規格については概要を述べるに留めるので詳細は関連する規格を参照されたい。

3.2.2　家電製品に適用される電気用品安全法と各種難燃規格及び難燃性試験方法

日本における家電製品の種類は、ビジュアル家電のテレビ、オーディオ家電のCD（DVD）プレイヤーやレコーダー、情報家電のパソコン（PC）、携帯電話（スマートフォン）、テレビゲーム等その他多くの家電機器に上り、その安全性は国を挙げて管理徹底されている（**表３－８**参照）。

家電製品の安全性は、世界各国で環境問題及び難燃性の問題が厳しく反映され管理されているが、日本では、難燃性規格は電気用品安全法で厳しい規制がなされており、家電製品に使用されているゴム、プラスチックス材料を主体とした難燃性規格が決められている。Liイオン二次電池の難燃規格をはじめ代表的な多くの家電製品の各種規格がこの電気用品安全法の中で規定されているのである。

【表3－8】代表的な家電製品

種　類	代表的な家電製品
AV家電	テレビ、レコーダー、プレイヤー、AVケーブル、ヘッドホン、ラジオ、ラジカセ、電子楽器等
情報家電	パソコン、テレビゲーム、プリンター、タブレット端末等
通信家電	携帯電話、スマートフォン、FAX.、固定電話機等
生活家電	冷蔵庫、電子レンジ、アイロン、コンロ等
住宅設備家電	照明器具、扇風機、火災警報器、太陽光発電等
その他	電池、電球、Liイオン二次電池、配線器具等

最近注目されている5G対応高周波特性（低誘電特性 ε 、 $\tan\delta$ ）が要求される通信機器、電子機器等に使用される難燃性ポリマー材料に関する難燃性規格もこの中に反映されつつある。

日本国内では、輸入製品が多く、多くの海外の規格も対象になってくる。

ここでは、電気用品安全法を中心に難燃規格を紹介し、その中に取り入れられている海外の規格にも触れてみたい。

（1）電気用品安全法の概要

この安全法の前身は、電気用品取締法と呼ばれており、従来の産業界の拡大、それに伴う課題の増加に対応するために2001年に改訂されている。特に電気製品は、安全性と信頼性を確保するには膨大な努力と経費を必要とし、また厳しい監視が必要となる。電気用品安全法（PSEマーク）の概要を**表3－9**に示すので参照されたい。

家電製品の安全性については、国際的なIEC規格、ISO等が存在することを忘れてはならない。日本でも製品の安全規格には製造物責任法があり製造物の欠陥による責任を規定している。

また、難燃性については、環境問題が大きく関係しており、RoHS指令がある。電気電子機器の特定化学物質の使用制限が課せられている（**第5章**参照）。

電気用品安全法の中の難燃規格に決められている難燃性試験法は、大きく分けてUL94垂直燃焼試験、耐トラッキング試験、グローワイヤー

【表３－９】電気用品安全法（電安法）の主な内容

項目	電気用品安全法（電安法）	電気用品取締法（従来）
認証マーク	**特定電気製品** 認定、承認検査機関マーク、製造業者名、定格電圧、定格消費電力及び下記マークを表示。 （**対象品**）電気温水器、電気ポンプ、電気便座、電気マッサージ、直流電源装置 **その他電気用品** 同上項目記載、下記マークを表示。 （**対象品**）テレビ、ラジオ、ビデオテープレコーダー（VTR）、リチウムイオン電池、白熱電球等	平成19年安全法の改正により従来の電取法による標示PSEマーク製品は、そのまま使用することが可能になった。 （従来は、期限を設けて使用可能であったが改正された）
認証機関	日本政府公認の第三者認定機関	日本政府承認
対象品目	112項目	165項目
不具合発生による罰則	許可認定マーク標示禁止、不具合品回収	型式停止、業務停止
罰　　則	罰金：10万円～１億円	罰金：３万円～35万円

〔注〕1）電安法への改正は、2001年４月より実施。
2）電安法規格は、IEC規格をほぼそのまま適用し、UL規格とも協調。
3）対象電圧は、100V以上、300V以下（電線は600V以下）
4）20016年１月、技術進歩、発生事故例を基にして新製品へのより柔軟な対応を可能にする性能規定化を見直し、電気用品の安全原則のみを規定する内容に修正。従来の具体的な材料、数値、試験法は変更なし。
技術基準の中で省令としていた次の二つの項目を正式に基準に改正。
（1）日本独自の技術基準
（2）国際規格に準拠し日本独自の考え方を追加した基準（一般にIEC規格）、別表12表に記載（テレビ受信機の場合はIEC-J60065適用）

試験、ニードルフレーム試験等に分類されている。その理由は、電気電子機器成形品の火災原因の多くは、異常時に過熱、アーク、燃焼の三つの現象が同時あるいは個別に起こることが観察されているためと考えられている。

次に代表的な難燃製品の一つであるテレビ用の製品の難燃規格について述べておきたい。

（２）UL1410に規定されているテレビ荷電部品の難燃性規格

表３－10には、UL1410に規定されているテレビ部品に要求される

【表３－10】テレビ用高分子材料成形品の難燃性規格
－荷電部に接触している材料の規格－

適用箇所	耐発火性試験ホットワイヤー試験（分類）[1]	耐火性試験大電流アーク試験（分類）[2]	UL94垂直試験（分類）[3]	相対トラッキング試験[4]（CTI）
有効電力15KW＜ a）42.44V～2,500V部分	4, 3, 2, 1, 0 3, 2, 1, 0 2, 1, 0	3, 2, 1, 0 2, 1, 0 2, 1, 0	V-0 V-1 V-2, VTM-2 VTM-1, VTM-0	4, 3, 2, 1, 0 3, 2, 1, 0 2, 1, 0
有効電力15KW＜ b）42.44V＞部分	4, 3, 2, 1, 0 3, 2, 1, 0 2, 1, 0	－ － －	V-0 V-1 V-2, VTM-2 VTM-1, VTM-0	4, 3, 2, 1, 0 4, 3, 2, 1, 0 4, 3, 2, 1, 0
有効電力15KW＞ c）42.44V～2,500V部分	4, 3, 2, 1, 0 3, 2, 1, 0 2, 1, 0	－ － －	V-0 V-1 V-2, VTM-2 VTM-1, VTM-0	－ － －
有効電力15KW＞ d）42.44V＞部分	－	－	HBまたはHBF	－
有効電力その他すべて e）2,500V＜部分	4, 3, 2, 1, 0 3, 2, 1, 0 2, 1, 0	－ － －	V-0 V-1 V-2, VTM-2 VTM-1, VTM-0	－ － －

〔注〕[1] ホットワイヤー試験　UL746Aに規定されている0.5mmφのニクロム線を５×1/2インチの棒状試料に1/4インチ幅の間隔で約５回巻き付け、ニクロム線を930℃に加熱して（加熱時間最長300秒）着火時間を測定する。
着火時間格付　0−120秒以上、1−60～120秒、2−30～60秒、3−15～30秒、4−7～15秒、5−7秒以下

[2] 大電流アーク試験　UL746Aに規定されている試験で、５インチ×1/2インチ×使用厚の試料に銅またはステンレス鋼の電極を使用し、印加電圧、240V、32.5Aの条件で試料表面に接触させ、40回/1分のアーク放電を起させ、着火までの回数を評価する。
着火回数格付　0−120回以上、1−60～120回、2−30～60回、3−15～30回、4−0～15回

[3] UL94　垂直燃焼試験　**図３－７**参照

[4] UL746A, IEC112　耐トラッキング試験　**図３－８**参照

難燃性を示してある。要求性能により区別されている箇所、付加される電圧によって異なるがUL94垂直燃焼試験規格、耐トラッキング試験その他の試験方法により規格値が決められ、その難燃性に合格することが規定されている。

（3）家電製品の難燃性試験方法[1),2)]

前項で示したように家電製品の難燃試験の中から代表的な幾つかを取り上げてその内容を紹介する。まず最も世界的によく知られているUL94垂直燃焼試験法の試験装置を**図３－７**に示す。

この難燃試験は、電気製品、電子部品の筐体、部品、材料の耐火性を評価するために赤熱素子や過負荷抵抗などの熱源によってその抵抗力を測定するためのものである。

UL94垂直燃焼試験は、バーナー部の上部が試験片の下部から10±1 mmになるように試験片の下端中央に炎を当て、その距離を10秒間

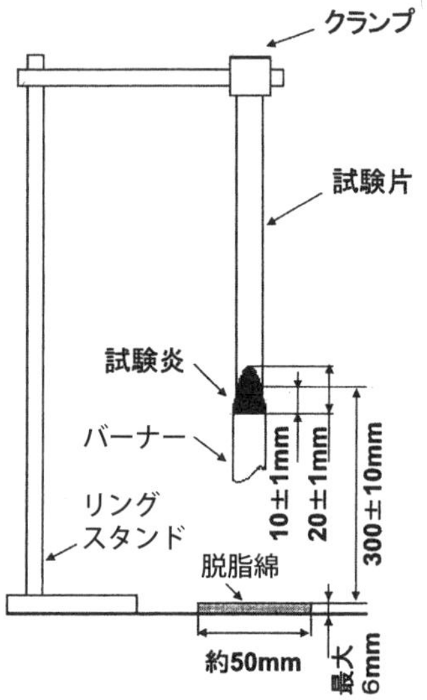

判定基準	V-0	V-1	V-2
各試験片の残炎時間（t_1またはt_2）	≦10秒	≦10秒	≦10秒
コンディショニング条件ごとの１組の試験片の合計残炎時間（５本の試験片のt_1+t_2）	≦50秒	≦250秒	≦250秒
第２回の接炎後の各試験片の残炎時間及び残じん時間の合計（t_2+t_3）	≦30秒	≦60秒	≦60秒
クランプまで達する残炎または残じん	なし	なし	なし
燃焼物または落下物による脱脂綿の着火	なし	なし	あり

【図３－７】UL94 垂直燃焼試験法と難燃グレード判定基準

保持し、試験片の長さが変化する場合は、その都度適度に試験中のバーナーを動かす。試験中試料が溶融落下、有炎落下する場合は、バーナー内部に落下物が落ちないようにバーナーを45度傾斜させ調整する。糸状の落下物は無視する。試験片にバーナーを10±0.5秒接炎、試料から150mm離れた場所にバーナーを離し、同時に接炎時間を測定する。この操作を繰り返し**図3－7**に示した判定基準に従って判定する。

ここで、ドリップ性の判定用として試料下に外科用脱脂綿が置かれ、燃焼しながら降下する燃焼物による燃焼の開始を確認しなければならない。これがドリップ性と呼ばれる判定基準の一つである。このドリップ性の有無が判定を大きく左右するので注意したい。このドリップ性の有無がV1からV0への判定の大きな壁になっていることを銘記しておきたい。

このUL94は、難燃性燃焼試験として世界的に最も広く使用されている方法であることを忘れてはならない。難燃性の評価基準は、厳しい順に次の通りである。

難燃性に優れる←5V＞V0＞V1＞V2＞HB→劣る

UL94の課題の一つは、試験結果の精度であり、判定に主観が入りやすく問題が起こりやすい。ここ数年前から、発熱量試験であるマイクロコーンカロリメーター（MCC）と呼ばれる試験が試料数mgの樹脂でも精度良く発熱量を測定できることから、この測定値をもう一つの判定値として採用することが行われ、この精度の低さをカバーすることが行われている。

図3－8に示す耐トラッキング試験は、図中に示す1：試料の上に4：対向電極で示す真鍮製対向電極を乗せ、その間隔5mmの間に電圧を印加し、上部から0.1%の塩化アンチモン溶液を30秒に1回摘下して電極の間に放電させる。一定の摘下回数（一般的には101回）を電圧を変えながら電極間がその指定回数内で短絡破壊に至るまでの電圧の値を求める試験方法である。

図3－9は、グローワイヤー試験方法であり、試料の表面に赤熱した

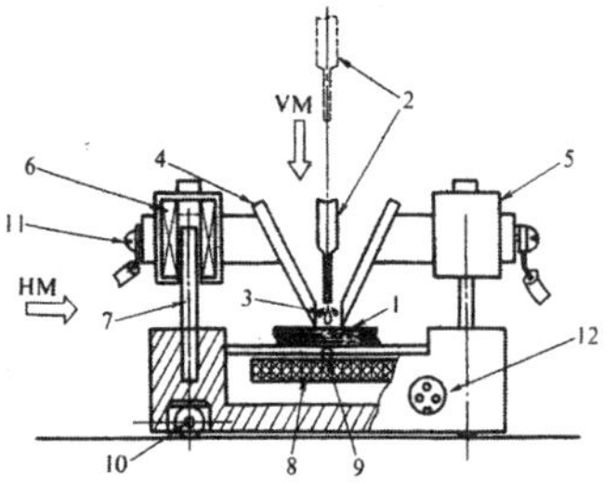

1：試　料
2：滴下ノズル
3：試験液
4：対向電極
5：接触荷重
6：スライドベアリング
7：スライドポール
（5～7：電極接触精度向上用）
8：加熱ヒーター
9：熱電対
10：移動台車
11：電力供給（漏洩電流検出）端子
12：加熱電源（温度上昇検出）端子
VM：垂直移動
HM：水平移動
（VM・HM：滴下精度向上用）

CTIトラッキング指数（電圧、V）	判定レベル（格付）
600＜	0
400～600	1
250～400	2
175～250	3
100～175	4
100＞	5

【図３－８】耐トラッキング試験装置と判定レベル（格付）

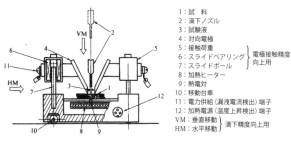

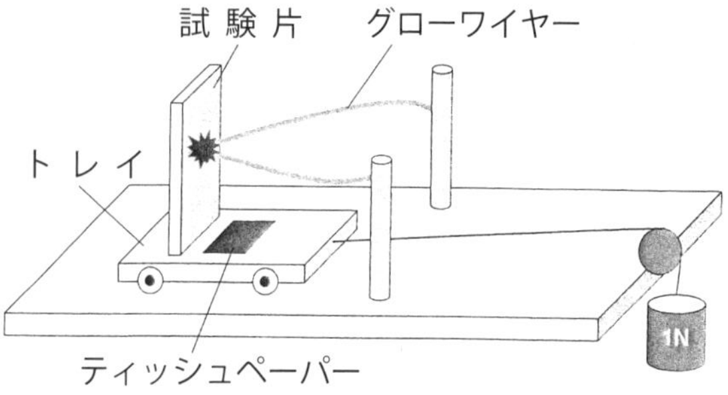

項　目	製品GWT	GWF1（燃焼性）	GWFT（着火温度）
IEC規格	60695-2-11	60695-2-12	60695-2-13
サンプル	製品	試験片	試験片
判定　接棒中	30秒以内に消火	（無関係）	発炎５秒以内
離脱後	ティッシュ着火なし	30秒以内に消火	（無関係）
備考	〔注〕[1)		〔注〕[2)

〔注〕[1) IEC60335-1では、2-11に合格しても２秒以上発炎がある場合は、針炎試験でも合格する必要がある。
[2) 試験温度は、＋25℃で表示

【図３－９】グローワイヤー試験装置と試験方法の種類

グローワイヤーを加重１Ｎの応力で押し当てて30秒間経過後、試験片を離し試験片の着火、燃焼、残炎の状態を確認し図に示す判定基準によって難燃性を評価する試験法である。

試験温度としては960℃、930℃、900℃、870℃で行われる。試験の種類としては、製品で行う着火試験、試験片で行う燃焼指数試験、着火試験の３種類がある。

（４）難燃性家電製品の製作時の課題

家電製品の製作工程では、難燃剤のコンパウンデング（混練工程）、成形品の射出成形工程があり、難燃製品特有の課題がある。この二つの工程で経験する課題の代表的な例を**表３－11**、**表３－12**にまとめて示す。

【表３－11】PPへの（EVA）のブレンドによるブルーム抑制
－臭素系難燃剤、TBA-DBを使用した実験－

PPに3.5%の臭素系難燃剤を添加してEVAを添加してそのブルーミング試験が報告されている。（Inata,etc：J of Polymer Sci 90, 2152 (2006)）
PPにおける難燃剤のブルームは、結晶性が高いほど多いことを指摘し、極性ポリマーのEVAのブレンドにより効果的に抑制できることが示されている。極性ポリマーの効果はゴムについても既に実際に使用されている。

各種EVA（東ソー製）	添加量（wt%）	酢酸ビニル換算量（wt%）	ブルーミング試験結果（80℃）			
			１日後	３日後	６日後	10日後
ウルトラセン541（酢酸ビニル含量10%）	2	0.2	△	△	×	×
	2.5	0.25	△	△	×	×
	3	0.3	△	△	×	×
	4	0.4	△	△	×	×
ウルトラセン633（酢酸ビニル含量20%）	2	0.4	○	△	×	×
	2.5	0.5	○	○	△	×～△
	3	0.6	○	○	○	△
	4	0.8	○	○	○	○
ウルトラセン634（酢酸ビニル含量26%）	2	0.52	○	○	△	△
	2.5	0.65	○	○	○	△～○
	3	0.78	○	○	○	○
	4	1.04	○	○	○	○

〔**注**〕1）TBA-DB　3.5wt%、Sb_2O_3　2wt%配合
2）ブルーミング判定基準　○：ブルーミング観察されず　△：判別困難
×：ブルーミングあり

【表３－12】難燃材料の金型成形における課題と対策

課題	発生原因と内容	対策
難燃剤の製品表面へのブルーム、ブリード	１）難燃剤の熱分解生成物、分散不良、ゴムとの極性差によって起こる現象 ２）加工時に金型表面の傷や射出成形機の流路の中で受ける局部的な高い応力によって発生する現象	ベースゴムへの極性ポリマー（EVA－VA 量 25 ～ 26%）数部（２～４部）のブレンド。 金型、成形加工機の内面、表面の傷、凸凹の管理徹底
加工時の金型、成形機の粘着、変色	難燃剤による材料の極性の増加による金属との接着力、腐食力の増加による	同上 高難燃効率配合による添加部数の低減、難燃系選択
ウエルドライン、バックラインデング部に集積する分散不良	ウエルドライン、バックラインデング部に集積する分散不良分の中に多く含まれる現象	混練条件の検討による分散不良対策。 適正温度条件（40～50℃）による難燃剤の乾燥
リン酸エステル系難燃剤の加水分解による難燃効率の低下、ボイド発生	リン酸エステル系TPPは、熱分解、揮散性があり、RDPは、加水分解し易いためボイド発生、難燃効率の低下をきたすことがある。特に水酸化AL併用に注意	揮発性、加水分解性に優れたBDP、PX200等を使用する

１）成形工程での難燃剤のブルーム、ブリードによる表面外観汚染、変色の問題である。一般的に家電で使用されている汎用樹脂の極性と臭素系、リン系、窒素系、無機水和金属化合物系の極性の相違による相溶性の差が原因で起こる問題であり、商品価値の問題につながる。**表３－11**に示すようにEVA、EEAのような極性ポリマーを数%コンパウンデングの際に均一にベース樹脂にブレンドすることが解決の最も良い方法である。家電製品の商品価値を上げるための重要な対策である。

２）難燃剤の分散不良、過剰なせん断発熱によるトラブル対策

　また、**表３－12**に示すように難燃剤の分解、分散不良等によるボイド（小さな気泡）、異物の発生等を混合条件（温度、時間等）による分散改良とともに成形機のスクリュー構造の適正化による過剰なせん断発熱の制御による対策も必要になる。

【表3－13】家電機器用樹脂への各種難燃剤の応用

		リン酸アミン塩	リン酸エステル	ホスファゼン	ホスフォン酸エステル	ホスフォン酸金属塩	赤リン	窒素化合物	水酸化マグネシウム	シリコン	スルホン酸金属塩	臭素系難燃剤
PE、PP		○ (20－30)					○ (3－8) S	△ (3－10) S	○ (57－60)	△ (1－3) S		○ (10－20)
PS (PPE、ABS含)		○～△ (20－30)	○ (10－20)	○ (7－15)	○ (10－20)		○ (3－8) S	△ (3－10) S	△	△ (1－3) S		○ (10－20)
PC (PC/ABS含)			○ (3－15)	○ (1－5)	○ (10－15)		○ (5)	△ (3－10) S		○ (1－5)	○ (＜1)	○ (10－15)
PET、PBT		○～△ (20－30)	△ (～数) S	△ (～数) S		○ (10－20)	○ (5)	△ (3－10) S		△ (1－3) S		○ (10－20)
ナイロン		○～△ (20－30)	△ (～数) S	△ (～数) S		○ (10－20)	○ (9)	○ (10)	△ (50－60)	△ (1－3) S		○ (8－20)
課題	耐熱性	△	○	○	○	○	△	○	○	○	○	○
	ブリード	○	○～×	○～×	○～×	○	○	○～△	○～△	○	○	○～△
	耐湿熱性	△	△	○	○	○	○～△	○	○	○	○	○

〔注〕（　）：V-0配合量（重量%）、難燃剤混合物も含む。　S：助剤としての配合量（重量%）

（５）家電製品に使用される樹脂及び難燃剤の種類と特徴[3)]

家電製品には**表３－13、表３－14**に示すように、ベース樹脂の種類は、ポリオレフィン、汎用性樹脂が主として使われ、難燃剤としては、臭素系、リン系、無機系、窒素系、シリコーン系、スルフォン酸金属塩系等多種類の難燃剤、難燃系が使われている。

使用される難燃剤は、環境安全性、経済性、機器の性能向上を考慮して難燃効率の高い耐熱性、高分子量タイプが増加してきている。この傾向は今後継続していくことが予想される。最も難燃剤の使用量の多い電気電子機器分野での今後の技術動向に注意したい。

【表３－14】家電機器各種難燃剤、難燃系の代表例と特徴

特性	臭素系	リン系＋窒素系（IFR）[1)]	リン酸エステル系	ホスフィン酸金属塩系	水和金属化合物系	ナノコンポジット系
代表的な化合物	脂肪族、芳香族系化合物＋Sb_2O_3	APP＋窒素化合物＋炭素供給剤[2)]	モノマー型、縮合型リン酸エステル	ホスフィン酸金属塩（リン系）	水酸化アルミニウム、水酸化マグネシウム	MMT[3)] CNT[4)] シリカ
難燃効率	高	高	中～高	中～高	低	中
電気特性	良～優	可～良	良	良～優	良～優	良～優
耐水性	良～優	可～良	良	良～優	良～優	優
金型汚染	中～大	中	中	中	中	中
成形加工性	良	良	優	良	可	可
コスト	中	中～高	中～高	高	低	中～高
リサイクル性	優	良	良	良	良	良
耐熱劣化性（寿命）	良～優	良	良	良～優	良	良

〔注〕 1) IFR（Intumescent Flame Retardants）の略、発泡チャーを生成する難燃剤
2) APP（ポリリン酸アンモニウム）、窒素化合物（発泡剤）、炭素供給剤（PER－ペンタエリスリトール）
3) MMT（モンモリロナイト）、CNT（カーボンナノチューブ）

【参考文献】

1）西澤　仁：難燃学入門（2016）北野　大 編著，化学工業日報社

2）西澤　仁：難燃化技術の基礎と最近の研究動向（2016）シーエムシー出版
3）林 日出夫：マテリアルライフ学会誌　30,（2）（2018）

3.3　建物―建物火災・車両火災と構造物の被害

建築物、橋梁、高架道路、トンネル等で火災が発生すると、可燃物の燃焼によって生じる煙や高温ガスが周囲に拡散し、火災建物や火災の発生した空間で人的・物的被害が生じる恐れがある。一般には、計画・設計段階で想定される火災（火災安全設計では、設計火源や火災外力という）に対して、安全に避難できる適切な避難計画や排煙計画が立案され、避難経路や避難場所の確保、防排煙設備等の設置が行われることになる。

一般に、火災発生後の火勢が小さい初期状態で消火が奏功すれば小火で留まり、被害は軽微となるが、難燃化がなされていない高分子材料等で構成された物品が燃焼すると火災の成長が早く、周囲へも燃え広がる例は少なくない。一般に建築物内には、椅子やテーブル、ソファ、収納家具、ベッド、布団類、クッションやじゅうたんやカーテン等の多くの種類・量の可燃物がある。一方、車両や乗用車では、座席やダッシュボード、その他の内装類、バンパー、タイヤ等、燃料、潤滑油、電線類が代表的な可燃物となる。貨物自動車等の運搬の用に供される車両は、積載物を除けば、乗用車と大きくは変わらないと考えられるが、積載物が可燃物か否かによって、火災時の状況は大きく異なることが予想される。また、鉄道車両は、自動車よりも規模も大きく、座席等には可燃性材料が使用されることが多い。ここでは、建築物・土木構造物の火災事例や火災加熱による被害に関して、既往の火災実験等を参照・引用しつつ、着火防止、延焼拡大防止のための技術開発の必要性・重要性を述べることとする。まず、可燃物の燃焼状況や構造物の被害状況を把握するための実験結果等について概説する。

３．３．１　家具の燃焼性状

建築物の室内に設置される家具や可燃物の燃焼性状については、国内外問わず多くの実験が成されている。**写真３－１**、**写真３－２**は室内に設置されることの多い市販のソファと座椅子（非防炎製品）の燃焼状況を示したものである。ソファの燃焼実験では、**写真３－１a**のように座面の中央から火炎を着火させてから約６分後（**写真３－１b**参照）に背もたれに燃え広がり、約８分後（**写真３－１c**参照）にソファ全体が燃焼して、最大の発熱速度が測定された。また、座椅子では、座面に着火わずか２分後には、全面が燃焼した。これらソファ等のクッションの座面や背もたれ部分は、そのカバーには革製、塩化ビニル樹脂製、綿や化学繊維等、多様な素材が使用されるが、詰めものにはウレタンフォーム等の可燃物が用いられることが多い。これらの高分子材料は難燃処理等がされていないと、写真に見る通り、一旦着火すると容易に延焼が拡大する。

a）着火１分後　　b）着火６分30秒後　　c）着火８分後

【写真３－１】ソファの燃焼

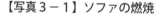

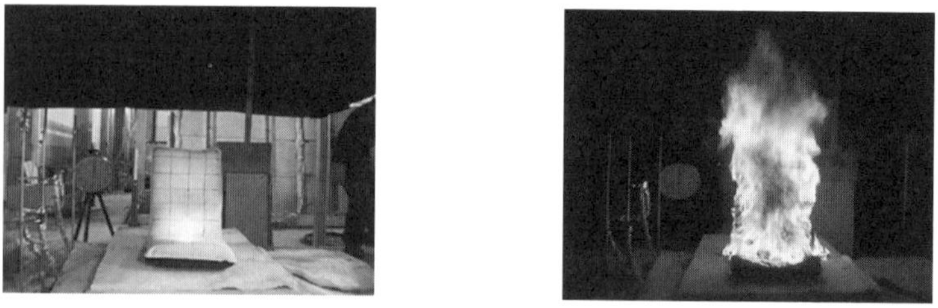

a）着火直後　　b）着火２分後

【写真３－２】座椅子の燃焼

3.3.2　建築物内の火災と耐火性能試験

建築物の内部火災の発生原因は様々であるが、火災統計から分析すると、こんろやたばこ等から周囲の可燃物に着火して燃え広がっていくケースが多い。火災発生時の可燃物周囲の温度や燃焼の状況は、屋外のような開放的な空間か一定の開口を有する建築物の室のような閉鎖的な空間かで大きく異なる。一般に閉鎖な空間の方が、火災は激しく、長く継続し易い傾向がある。火災の初期消火に失敗し、室内でフラッシュオーバー（F.O.）が発生して火盛りに至ると、火災が発生した空間は火炎や燃焼ガスで充満し900℃を超える高温となるため、柱・梁、床、壁等の構造体は損傷する恐れがある。その一方、開放型空間で可燃物の燃焼が一定以下に留まれば、火災に高温ガスは拡散し、火源直上を除き構造体への被害は抑えられる可能性もある。

公共建築物の木造利用促進法等を背景に実施された木造三階建ての学校を対象とした実大火災実験では、実際の建築物の室内を再現した建物模型（**写真３－３**参照）を作製し、室内の可燃物に意図的に着火させて火災を発生させ、その進展状況等を確認している（**写真３－４**参照）。**写真３－５**から建築物の実大火災実験で火災の進展の状況が確認できる。不燃性内装の大規模な空間の場合、この実験ではF.O.の発生までに約90分程度を要したこと等がわかる。

図３－10は一連の実大火災実験時に測定された火災発生室の机上面

【写真３－３】実験建物の内覧
（天井等の不燃条件）

【写真３－４】実大火災の状況

着火後　a）４分、b）84分、c）87 分　（F.O. 発生直前）

【写真３－５】火災の進展状況

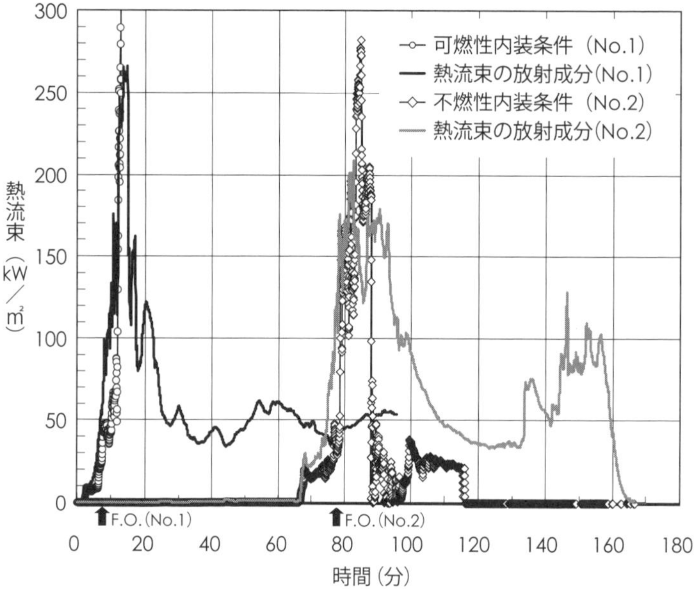

【図３－10】火災時の入射熱流束

に入射する熱流束の推移となっている。室内の可燃性材料の条件によってもF.O.までの火災進展状況は大きく異なる。**図３－10**のプロットは、内装可燃条件の実験No.1（天井・壁・床：木材仕上げ）及び天井不燃条件No.2（天井：せっこうボード、壁・床：木材仕上げ）の熱流束である。また周囲の温度から求めた熱流速の放射成分を測定結果を補完するために示している。図に見る通りF.O.発生後に机面に入射する熱流束

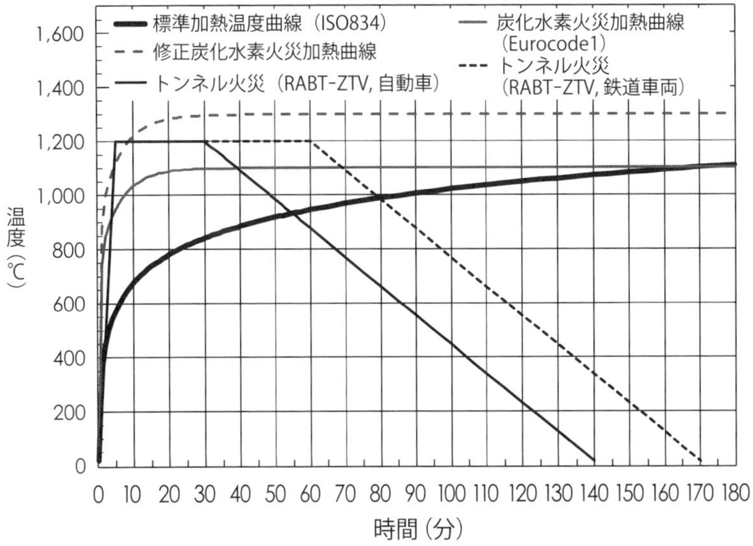

【図３－11】様々な耐火試験の加熱温度

は急激に増加し、瞬間的に250kW/m^{2}を超える。ただし、No.1とNo.2の実験で大きく異なるのは、F.O.の発生時間である。同時に着火したとしても、天井を木材で仕上げるか否かによって、室内での火災の成長が大きく異なる。火炎は浮力により、上方へ伝播するため、火炎の長さが大きくなると天井面を這う。そのため、天井面が可燃物で仕上げられていると、加速度的に燃焼速度が増加し、短時間でF.Oが発生する。

図３－11は火盛り期の火災温度を模擬した各種耐火性能試験の加熱温度を表している。建築火災の火災室の温度は、可燃物の多くが木材や本等のセルロース系であることを想定し、ISO834-1に規定される標準加熱温度曲線によって代表され、構造体の耐火性能を評価している。しかし、化石燃料や高分子材料等が可燃物の主体となってくると、熱分解・燃焼速度がセルロース系の可燃物よりも高くなることから、Eurocode1に規定される炭化水素火災加熱曲線（Hydrocarbon fire curve）に近い火災となることもある。構造体の被る被害の程度は、火災温度と受熱時間によって異なるが、**写真３－６**に示す通り、同じ建築物内でも

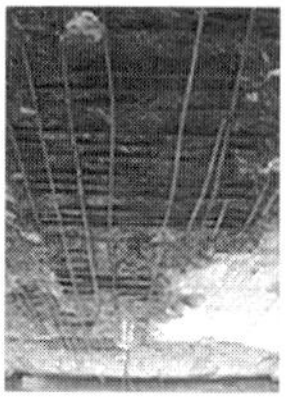

a）軽微な損傷　柱　　b）火災後　　c）大きな損傷と天井

【写真３－６】建築火災により被害を受けたコンクリート構造体

a）火災前　　b）火災後

【写真３－７】火災による崩壊（Windsor ビル、マドリード、2005）

軽微な損傷で済む部分と重大な損傷を被る部分が発生する。また、構造体の損傷が重大で、火災時に荷重支持能力を失うと、**写真３－７**に示すように構造体の崩壊に至る場合もある。

【参考文献】

１）伊藤彩子，出口嘉一，河野　守，五頭辰紀：可燃物の置かれ方が火災の進展に及ぼす影響　その１～その３，日本建築学会学術講演梗概集，A-2，防火，海洋，情報システム技術 2005，153-154，2005-07-31

２）例えば、Fire Safety for the Holidays：
http://www.nist.gov/fire/tree_fire.cfm

3）織戸貴之，城　明秀，抱　憲誓，大宮喜文，若月　薫：自由空間及び区画内における可燃物の燃焼性状　その1 実験概要及び熱流束・煙層に関する実験結果，日本建築学会学術講演梗概集，A-2，防火，海洋，情報システム技術 2007，199-200，2007-07-31
4）城　明秀，織戸貴之，抱　憲誓，大宮喜文，若月　薫：区画内及び自由空間における実大可燃物の燃焼性状　その2 最大発熱速度と火災成長率，日本建築学会学術講演梗概集，pp.201-202（2007）
5）鈴木淳一 他：木造3階建て学校の実大火災実験（本実験）その16 建物内及び周辺の熱流束，日本建築学会学術講演梗概，pp.315-316（2014）
6）鈴木淳一 他：木造3階建て学校の実大火災実験（予備実験）その10 建物内及び周辺の熱流束，日本建築学会学術講演梗概，pp.305-306（2012）
7）多様な加熱強度を被る鋼部材の耐火性能と耐火試験結果の工学的評価に関する研究：平成26年度 独立行政法人 建築研究所年報 第49号
8）ISO 834-1：1999 Fire-resistance tests- Elements of building construction-Part 1：General requirements, International Organization for Standardization
9）Eurocode 1：Actions on structures -Part 1-2：General actions - Actions on structures exposed to fire, EN 1991-1-2, CEN
10）EN 1363-2：1999：Fire resistance tests-Part 2：Alternative and additional procedures
11）マドリード市ウィンザービル火災調査報告書：マドリード市ウィンザービル火災調査団（2005）

3．4　車両火災と耐火性能試験

車両に関して、乗用車では、座席やダッシュボード、その他の内装類、バンパー、タイヤ等、燃料、潤滑油、電線類が代表的な可燃物となる。貨物自動車等の運搬の用に供される車両において、乗用車で使用される可燃性の材料や種類は大きく変わらないと考えられる。しかし、乗用車に比べて規模や重量が大きいため、可燃物量は大きくなる。更に、積載物の種類によって、可燃物の総量は大きく変化する。鉄道車両は、自動車よりも規模も大きく、旅客用の場合には座席や内装等には可燃性材料が使用されることが多い。貨物用は、積載物に大きく依存することになる。

構造体に対する車両火災による影響も、空間の条件や可燃物の量によって大きく異なる。トンネル等の空間で車両火災が発生すると、その被害が甚大になることが過去の事例からもわかる（**表３－15**参照）。そのため、トンネル火災に対しては、建物用の火災とは異なる加熱曲線を規定している（**図３－11**参照）。特に、欧州圏では過去のトンネル火災の教訓を基に、ドイツではEurekaプロジェクト等の結果から車両の種類に応じたトンネル火災温度の曲線（RABT曲線）が規定されている。RABT曲線では試験開始５分で加熱温度が1,200℃に達し、その温度が一定時間保持される。保持時間は自動車、列車等、想定される火源によって変化し、自動車用では30分、鉄道用では60分となる。フランスでは、より高度なトンネルの安全性を確保するため最高加熱温度が1,300℃に

【表３－15】トンネル等での火災事例

年	発生場所	火災被害等の概要
1995	アゼルバイジャン／バクー市営地下鉄	死者約300名、負傷者約270名　走行中の地下鉄車両で出火
1996	ユーロトンネル（イギリス～フランス）	負傷者８名　貨物シャトル列車上のトラックから出火
1999	モンブラントンネル（フランス～イタリア）	死者39名、負傷者27名　貨物トラックから出荷
1999	タウエルントンネル（オーストリア）	死者12名、負傷者42名　追突事故により炎上
2000	オーストリア／カプルン山岳鉄道	死者155名、ケーブルカーのトンネル内火災
2002	エジプト／カイロ郊外	死者約370名　車内給湯用ガス器具爆発、出火後の列車停車の遅れ
2003	韓　　国／大邱市地下鉄（中央路駅）	死者133名　放火による火災、対向列車へも延焼
2008	ユーロトンネル	負傷者14名　貨物シャトル列車上のトラックから出火

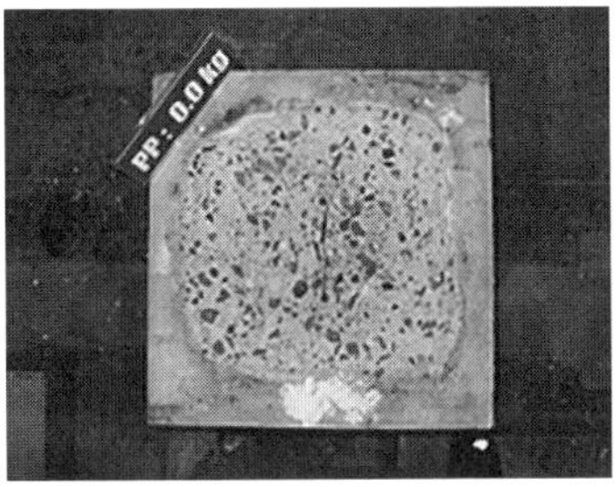

a）コンクリートの爆裂

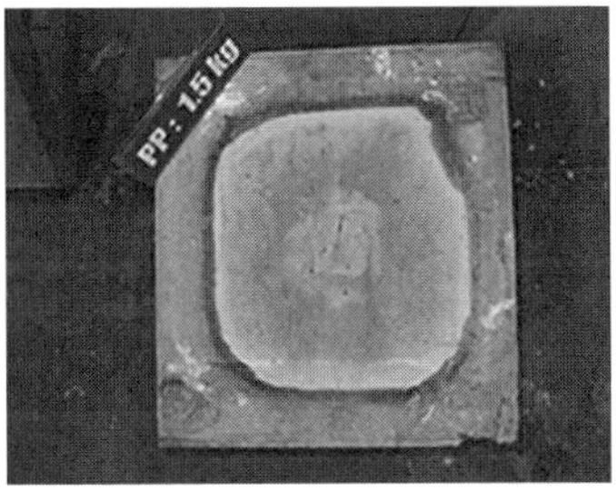

b）有機繊維混入による爆裂抑制効果

【写真3－8】急加熱を受けたコンクリートの爆裂

達する修正炭化水素火災も規定されている。このような温度の火災加熱を被ると、構造体に用いられるコンクリート等は**写真3－6**と同様に**写真3－8a**に示すような爆裂現象を生じる可能性がある。火災時における構造体の損傷を抑制するために、微細な有機繊維を混入したり、コンクリートの表面を耐火材料で被覆したりする等の対策がとられる。

一方、国内のショッピングモールや集合住宅で見られる屋外に開放された様式の自走式立体駐車場（自走式駐車場と呼ぶ）で発生する火災は、上記のトンネル火災とは、異なった様相を呈する。従来から、駐車場の火災時の安全性については、一般的な建築物と同様の防耐火性能が求められている。しかしながら、自走式駐車場の空間構成と可燃物の条件は、特有であり、可燃物が駐車車両に限られ、かつ、開放性が高い等、設計上の工夫により火災の影響を限定的にすることができる可能性がある。また、走行車路と歩道等の部分には可燃物が配置されないことから、車両自体の燃焼特性及び延焼拡大の特性が把握できれば、設計上の条件と実態が乖離しにくい等の特徴がある。**図3－12**に示す車両単体の燃焼状況や周囲への燃え広がり、構造体への影響について、実験的検討がなされている。

自走式駐車場は、１層２段から始まり現時点では、６層７段規模までの大規模化が進んでいる。1999年には、３層４段型の実大火災実験が実施され、その後の検討を経て実用化されている（**写真3－9**参照）。

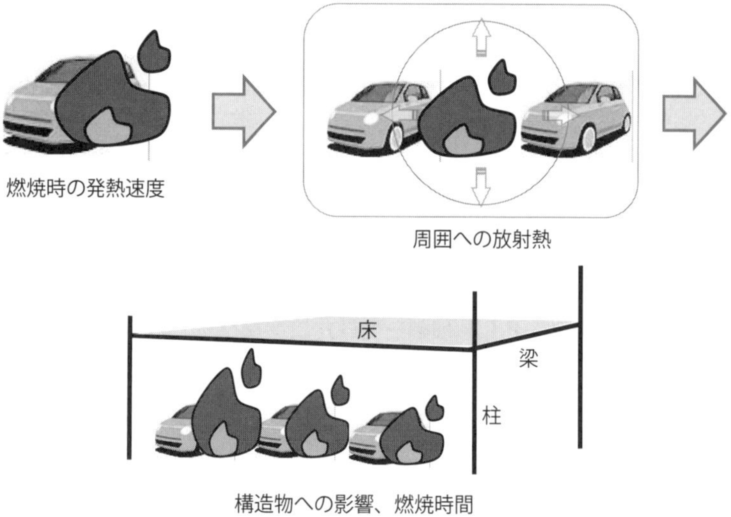

【図３－12】車両の燃焼状況と燃え広がりの概要

a）外観　　b）車両上部の損傷

【写真３－９】３層４段自走式駐車場　試験体

３層４段型の実験[25]では、**写真３－10**に示すように、駐車された車両の火災は隣接の車両へ徐々に延焼拡大するドミノ火災を呈した。実験の結果、火元の車両から両脇の車両へは約10～15分、後ろの車両へは約25分で延焼することが確認されている。また構造体の受熱温度は、桁・大梁（柱をつなぐ水平の構造材）が約570℃、着火車両の直上部の小梁（主に床を支える水平の構造材）が720℃及び柱で430℃に達することが報告されている。火災時の構造体の変形量は、比較的大きく、火災後

a）出火車両　　b）隣接車両への燃え広がり　　c）複数車両の同時延焼

【写真３－10】車両の延焼拡大

にも部材には変形が残留していたが、耐震設計された架構であること、局所的な火災であることと等から崩壊には至っていない。

これらの実験結果や車両単体の燃焼実験結果に基づき、車両火災発生時にF.O.が発生せず、限定された車両が燃焼し火災の規模が限られること、それにより構造体の構造安定性が損なわれないこと等を検証することの重要性が認識された。

3．4．1　まとめ

構造物の耐火設計では、火災の外力（燃焼の激しさ、火災の継続時間）がわかれば、深刻な損傷や崩壊、倒壊を抑制することは可能である。しかし、社会情勢や技術革新によって、可燃物の構成材料や成分の構成比率が既存の設計情報や技術資料と異なると、設計で想定する火災の状況を予期せず、超えることが起きうる。

特に軽量化や高断熱化等を目的として、従来の不燃性の材料が高分子材料等に置換されると火災初期及び火盛り期の燃焼が異なってくる可能性がある。火災被害の抑制は、可燃物の難燃化やスプリンクラー等の消火設備の設置によって、初期の延焼拡大をできるだけ遅くすることの効果も大きいと考えられる。

【参考文献】

１）EUREKA-PROJECT EU 499：FIRES IN TRANSPORT TUNNELS REPORT ON FULL-SCALE TESTS, Editor：Studiengesellschaft Stahlanwendung e.V.,

1995.11
2）コンクリートの高温特性とコンクリート構造物の耐火性能に関する研究委員会報告書：JCI 2012
3）岡　泰資：最近のヨーロッパにおける道路トンネル火災，日本火災学会誌，第51巻，pp.18-22（2001）
4）増田秀昭，鈴木淳一 他：トンネル火災に関する研究（その１ トンネル火災試験），2001建築学会大会，31-32（2001）
5）例えば、渡邉憲道 他：自動車火災における火炎挙動，日本火災学会研究発表会梗概集平成15年度，Ａ４
6）北野貴之，増田秀昭，上杉英樹 他：例えば、３層４段型自走式プレハブ駐車場の実大火災実験，日本建築学会関東支部研究報告集（2000）
7）抱　憲誓，新谷祐介，森本崇徳，高橋　済，増田秀昭，五頭辰紀，原田和典：自動車燃焼実験，日本火災学会研究発表梗概集平成15年度，A21
8）山本孝一，吉田正友，岡本義徳，田中義昭：２層３段自走式自動車車庫の実大火災実験，GBRC-91，1998.7
9）自動車火災を受ける構造部材の耐火設計手法：増田秀昭，平成16年 建築研究所講演会テキスト

3.5　自動車車両の難燃規制

3.5.1　車両火災件数と車両火災発生率の推移

2019年に発生した火災（3万7,683件）のうち、最も多いのは建物火災（2万1,003件、全体の55.7%）であるが、２番目に多いのは車両火災で、3,585件（全体の9.5%）である。ちなみに、３位の林野火災は1,391件（同3.7%）である。

図３−13は日本の車両火災件数の推移である。車両火災には、自動車だけでなく、列車の車両なども含まれ、放火や衝突による火災も含まれる。

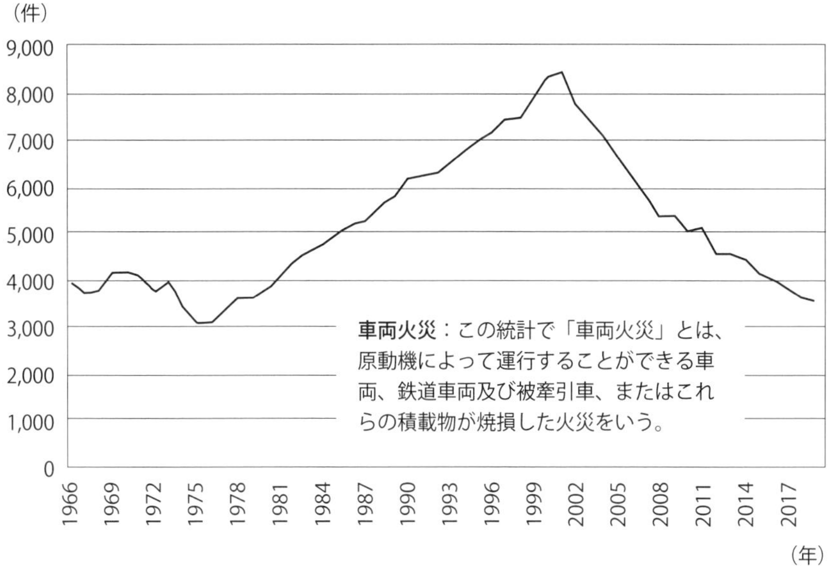

資料：消防庁『火災年報』及び『消防白書』より作成

【図3－13】日本の車両火災件数の推移（1965－2019年）

この図から、日本の車両火災件数は、1975年頃から急増したが、2000年頃をピークに急減し、現在ではピーク時の半分以下に減少していることがわかる。

図3－14は、自動車保有台数1万台当たりの車両火災件数（車両火災発生率）の推移である。

ここでいう車両火災には自動車火災以外に鉄道車両等の火災も含まれているが、自動車保有台数に比べて鉄道車両保有台数が十分小さい（国土交通省『陸運統計要覧』（2005年最終版）では、自動車保有台数7,899万2,060台に対し、鉄道車両保有台数13万6,412台となっており、鉄道車両数は自動車車両数の0.17％に過ぎない。）ため、ここでは、鉄道車両数は無視しうるものとしている。

図3－14から、日本の車両火災発生率は、

①1966年から1975年までの10年間に5分の1に急減

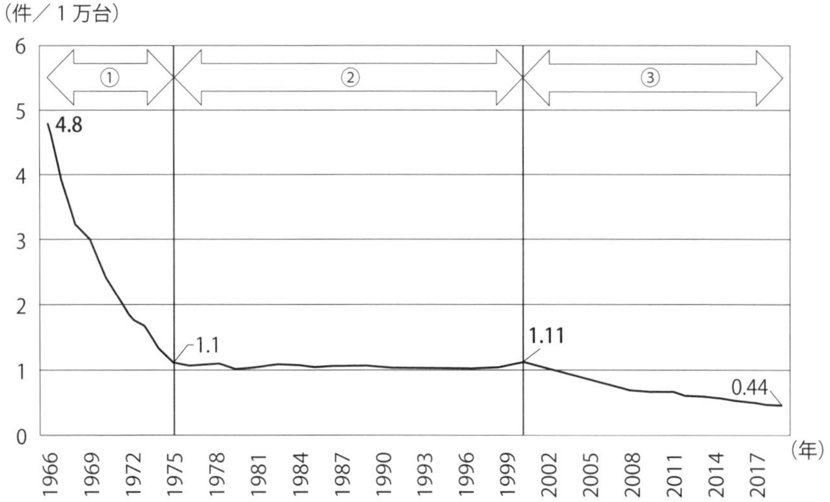

資料：『火災年報』、『消防白書』及び自動車検査登録情報協会『自動車保有台数推移表』より作成

【図３－14】日本の自動車１万台当たり車両火災件数の推移（1966－2019年）

②1975年から2000年までの25年間はほぼ横ばいで推移

③2000年以降再び急減に転じ、2019年には2000年に比べ半分以下に減少

という特徴的な変化を示していることがわかる。

1975年から2000年までの車両火災発生率がほぼ変わらなかったため、同時期に自動車数が増加した分だけ車両火災件数も増加したが、2000年以降は車両火災発生率が急減したため、自動車数は依然として増加していた（自動車数が減少又は横ばいになるのは2008年以降）にも関わらず、車両火災件数は急減している（**図３－13**参照）。

図３－14で、①の時期に車両火災発生率が急減しているのは、この時期に日本の自動車の性能が急激に向上し、エンジンや燃料系統、電気系統などの安全対策も急速に進歩して、出火率も急減したものと推測される。②で車両火災発生率が横ばいになっているのは、1975年頃にそのような安全対策の向上が一段落し、以後はしばらく一定の性能が維持

される状態が続いたと考えれば理解できる。

それでは③の時期に再び車両出火率が急減しているのはなぜだろうか。その理由の一つに車両を構成する材料の難燃化が寄与している可能性あると考えられる。以下、消防庁火災報告データの分析等により、その状況等について述べる。

3.5.2　消防庁火災報告データの分析

（1）車両火災件数と自動車事故との関係

2000年頃を境に車両火災発生率が急減しているのは、この頃から自動車事故が急減したためではないか、という仮説がある。

図3－15は、交通事故発生状況の推移である。

図3－15から、交通事故件数は2000年頃から横ばいになり、2005年頃を境に急減に転じており、**図3－13**とは多少違うことがわかる。

また、**図3－16**は車両火災の件数の推移（**図3－13**と同じ）に重ねて、

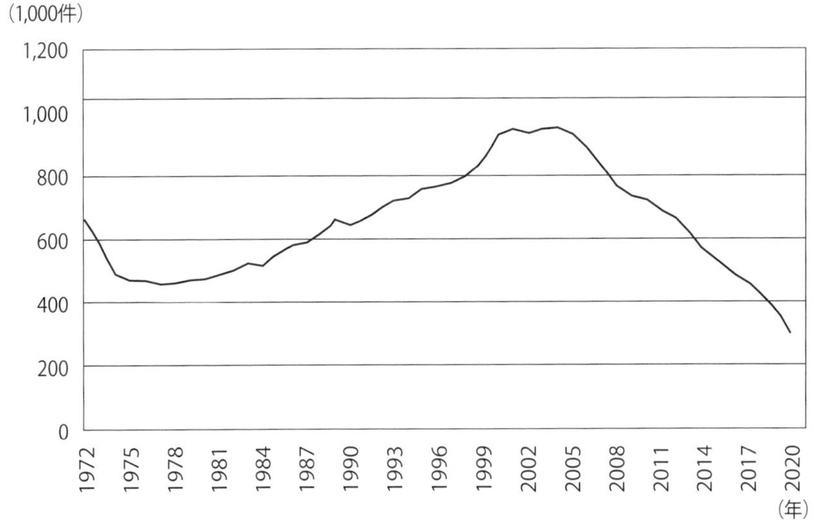

資料：『警察白書』

【図3－15】交通事故発生状況の推移（1972－2020年）

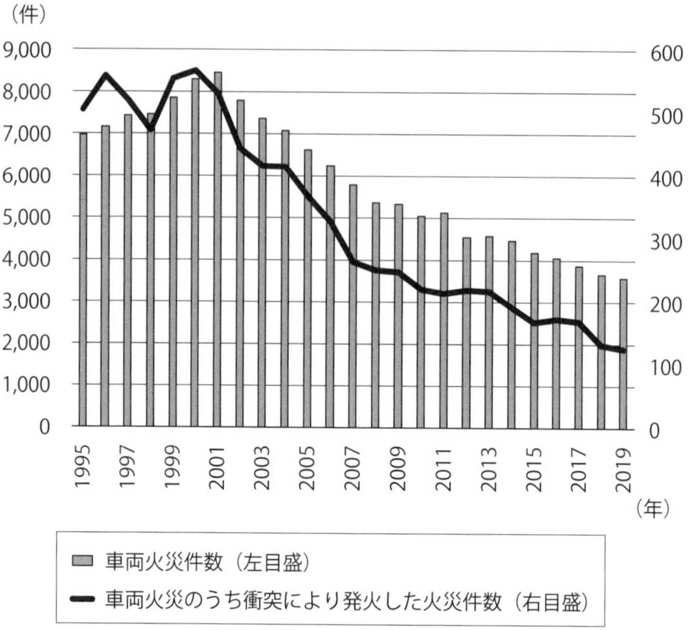

資料：消防庁『火災報告データ』より作成

【図３－16】車両火災の件数とそのうち衝突により発火した火災件数（1995－2019年）

衝突により発火した火災の件数の推移を見たものである。**図３－16**から、車両火災のうち衝突により発火した火災件数は2000年頃から減少に転じており、車両火災件数と同様な傾向を示しているが、その割合は１桁小さく、車両火災全体の３～８％程度に過ぎないことがわかる。

図３－15及び**図３－16**から、自動車事故の減少は車両火災発生率の減少の要因の一つではあるが、その比率が小さいため主要な要因とはいえない、ということができる。

（２）車両火災件数と放火火災件数との関係

2000年頃を境に車両火災発生率が急減しているのは、この頃から放火火災が急減したためではないか、という仮説もある。

図３－17に、車両火災件数と放火（放火の疑いを含む。以下同じ）による車両火災の件数の推移を示す。放火火災は確かに車両火災と同様

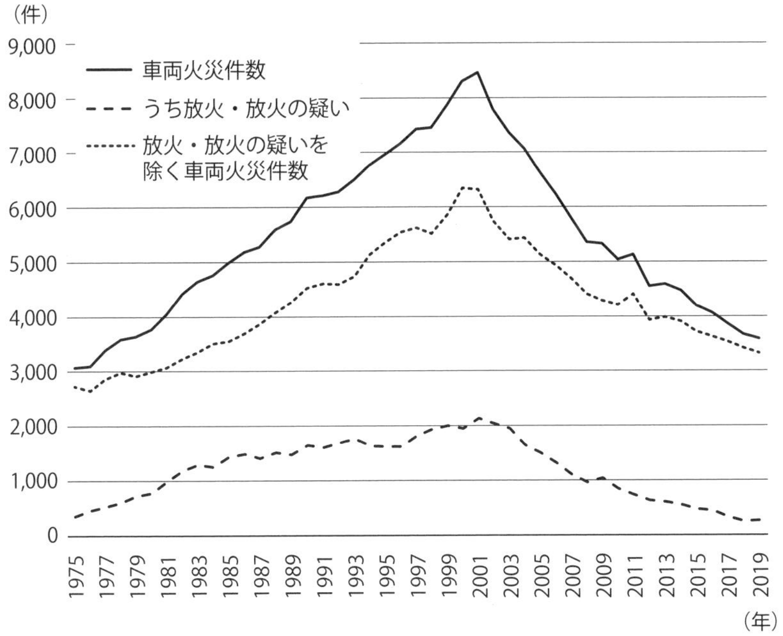

資料：消防庁『消防白書』より作成

【図3－17】車両火災件数と放火・放火の疑いの火災件数（1975－2019年）

の増減傾向を示しているが、**図3－17**を見ると、放火火災を除いた車両火災件数もほとんど同様の増減傾向を示している。従って、放火の急減は、車両火災が急減した主要な要因の一つではあるが、他にも大きな要因があることがわかる。

なお、放火火災の増減状況は車両火災に限らず建物火災などでもまったく同様であり、窃盗犯の増減状況ともよく似ている。その理由として、防犯カメラの普及による抑止効果が大きいのではないかと考えられている。

（3）着火物別火災件数

図3－18と**図3－19**に、自動車火災（ここでは車両火災のうち自動車に最初に着火した火災をいう。以下同じ。）の着火物別火災件数の推移を示す。この図では、交通事故により発火した火災と、放火により発

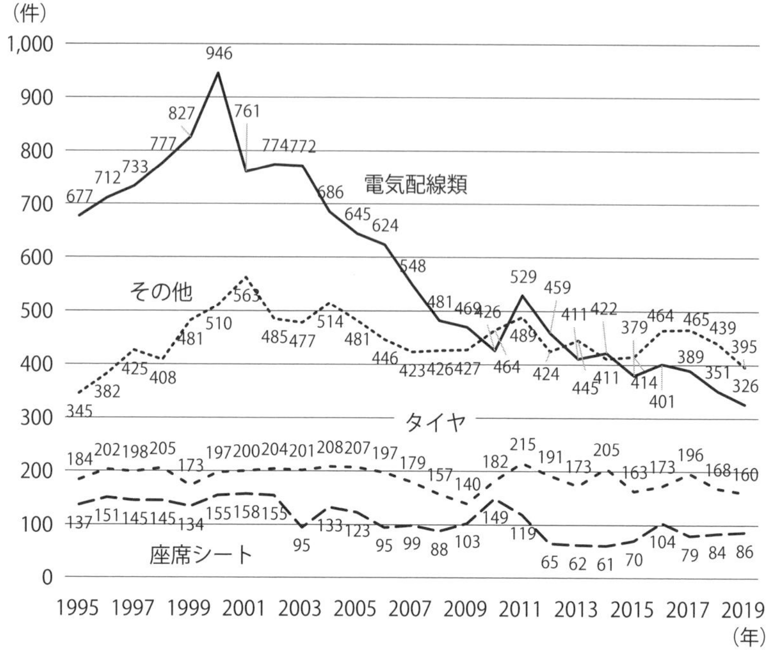

資料：消防庁『火災報告データ』より作成

【図３－18】自動車火災（交通事故・放火による火災を除く）の着火物別火災件数（件数の多いもの）の推移（1995－2019年）

生した火災は除いている。着火物とは、火災時に最初に着火した物をいう。

これらのグラフを見ると、最も多くを占める電気配線類を着火物とする自動車火災のグラフは、車両火災全体のグラフによく似ており、他の物品を着火物とする自動車火災の多くも、同様に2000年前後から減少の傾向を示していることがわかる。

図３－18と**図３－19**は、自動車の構成部品の難燃性能が向上して自動車火災の減少に貢献した可能性をうかがわせる。

図３－20と**図３－21**は、**図３－18**と**図３－19**の傾向を検討するため、自動車100万台当たりの着火物別出火件数（平均出火率）の形で５年ごとに平均して見たものである。

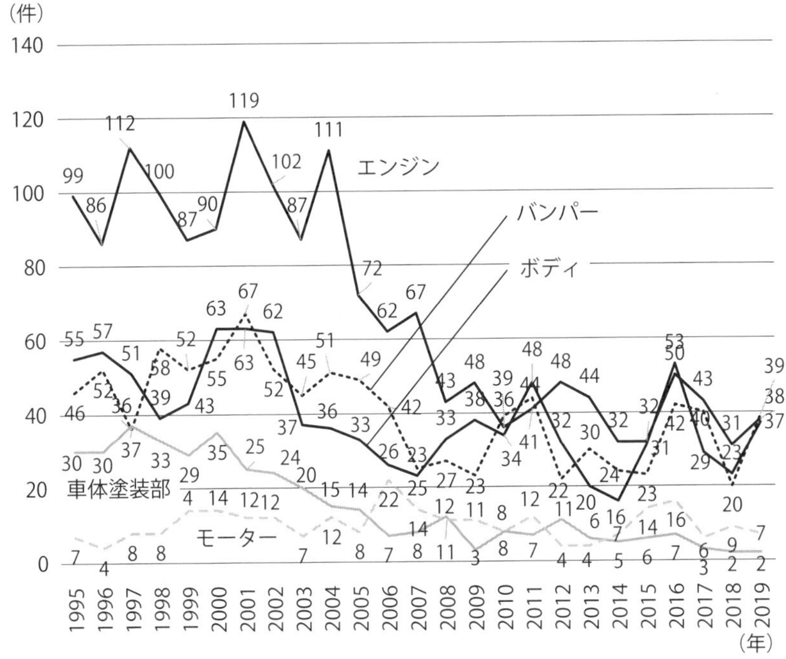

資料：消防庁『火災報告データ』より作成

【図3－19】自動車火災（交通事故・放火による火災を除く）の着火物別火災件数（件数の少ないもの）の推移（1995－2019年）

図3－20と**図3－21**から、着火物別平均出火率は、大きく以下の２種類に分けられる。

（1）2001年以降急減しているもの：電気配線類、座席シート、エンジン、ボディ、バンパー、車体塗装部

（2）2001年以降も減少傾向が見られないもの：タイヤ、モーター、その他（の物品）

このように特定の物品のデータが一斉に急変する一方、他の物品のデータが横ばいになるという事態が偶然生じるとは考えにくい。このような現象の理由として最も可能性のあるのは、規制強化である。

まず1993年４月13日付けで「道路運送車両の保安基準に係る技術

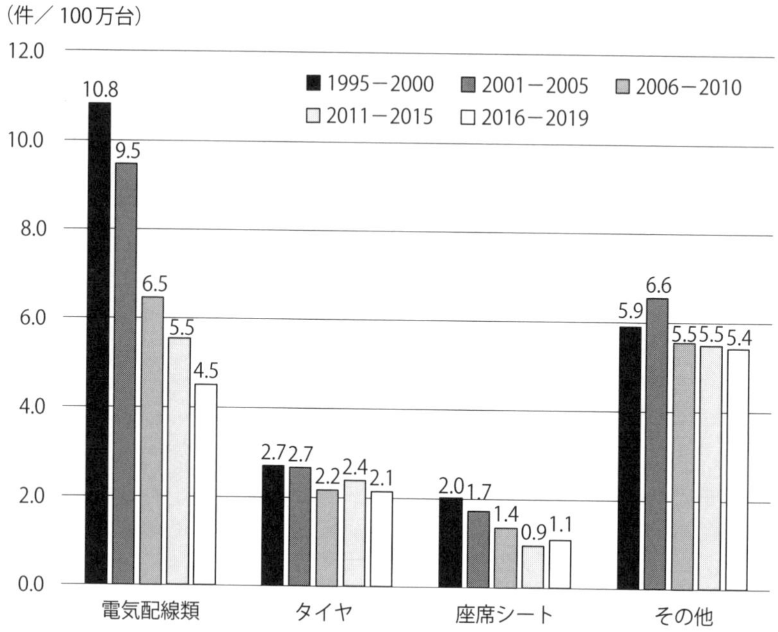

資料：消防庁『火災報告データ』及び自動車検査登録情報協会『自動車保有台数推移表』より作成

【図３－20】自動車火災（交通事故・放火による火災を除く）の着火物別平均出火率の推移１（100万台当たり）（1995－2019年）

基準」という運輸省（当時）自動車局長通達が発出されており、それまでなかった「内装材料の難燃性の技術基準」が定められている。

さらに、この技術基準を基に、2002年７月15日付けで「道路運送車両の保安基準の細目を定める告示」が定められ、その別添26として、翌2003年７月７日付けで「内装材料の難燃性の技術基準」が定められている（**参考資料**参照）。

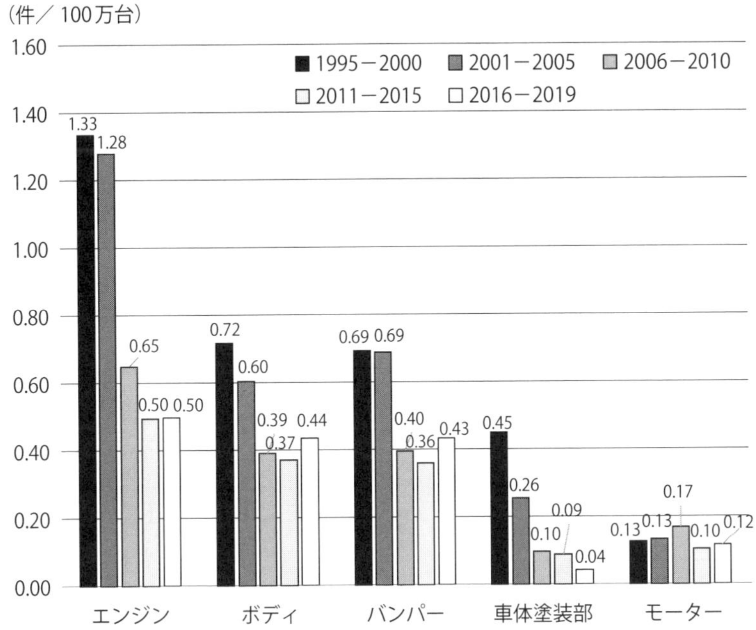

資料：消防庁『火災報告データ』及び自動車検査登録情報協会『自動車保有台数推移表』より作成

【図3－21】自動車火災（交通事故・放火による火災を除く）の着火物別平均出火率の推移2（100万台当たり）（1995－2019年）

（参考資料）

道路運送車両の保安基準

第20条（乗車装置）

第4項　自動車（二輪自動車、側車付二輪自動車、カタピラ及びそりを有する軽自動車、大型特殊自動車並びに小型特殊自動車を除く。）の座席、座席ベルト、頭部後傾抑止装置、年少者用補助乗車装置、天井張り、内張りその他の運転者室及び客室の内装（次項において単に「内装」という。）には、告示で定める基準に適合する難燃性の材料を使用しなければならない。

道路運送車両の保安基準の細目を定める告示
第18条（乗車装置）
第２項　保安基準第20条第４項の告示で定める基準は、別添26「内装材料の難燃性の技術基準」に定める基準とする。

自動車局長通達はいわゆる行政指導であり、法律上の強制力はないはずだが、当時の状況を考えれば、事実上強い強制力を持っており、自動車メーカーは法的強制力を持つ2002年の告示基準の制定を待たずに、一斉に内装材料の難燃化に舵を切ったという可能性が考えられる。

新車の内装がすべて新基準に適合するよう難燃化されても、火災統計上その効果が現れるのは、国内の自動車ストックの多くが新基準に適合するようになってからになる。その分岐点が2000年前後だったと考えれば、この時期を境に「ボディ」の一部や「座席シート」に着火する火災が急減した理由は説明できる。

しかし、これだけでは、それ以外のものを着火物とする火災や、エンジンなど難燃化との関係が薄いものを着火物とする火災もほぼ同時に急減していることの説明はできない。例えば、自動車の電気配線類の難燃化についての規制強化は見当たらないのに「電気配線類」に着火する火災が同時期に急減していることの説明にはなっていない。

（4）製造物責任法の影響

このことの説明として、自動車業界の関係者から、「当時、製品の欠陥や事故に対して企業責任が強く求められるようになり、1994年に製造物責任法（PL法）が制定されたことが、この時期に各社が一斉に自動車の出火防止対策に取り組んだ大きな要因ではないか」という仮説が示唆された。

当時、アメリカなどでは既に自動車の内装について厳しい難燃規制が行われており、日本のメーカーも輸出用のものは内装を難燃化していたが、国内向けのものは難燃処理をしていない、という一種のダブルスタンダードが続いていたと聞く。そのような状況のまま、国内で発生した自動車火災について製造物責任法を根拠に訴えられたら勝ち目はない。各社がそう考えたとすれば、自動車局長通達で示された「内装」の範疇に入らない「電気配線類」などの難燃化も含めて、各社が一斉に難燃化対策を実施したことを説明できる。

図３－22に、衝突に起因して発火した自動車火災の交通事故１万件当たりの件数の推移を示す。

衝突しても自動車火災が起こらないようにするには、燃料系統の構造や位置などの技術的工夫が不可欠と考えられるが、**図３－22**からは、そのような改善は難燃化対策に比べて少し早く始まり、少し早く定常状態に移行したように見える。

出火防止のためのエンジンや燃料系統の技術改良などは、製品欠陥に

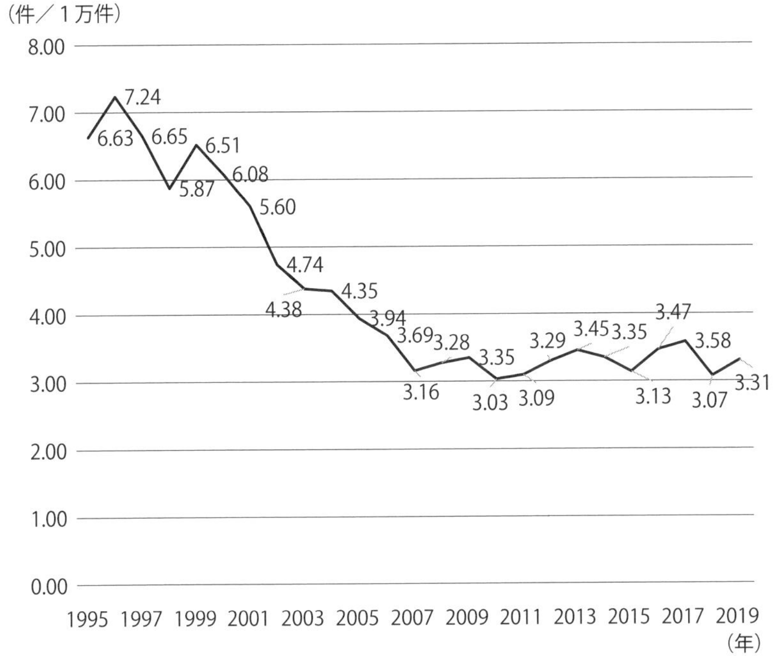

資料：消防庁『火災報告データ』及び『平成29年警察白書』より作成

【図３－22】衝突に起因して発火した自動車火災の交通事故１万件当たりの件数の推移（1995－2019年）

よる事故に対する企業責任の高まりの中で、製造物責任法の制定を待たずに始まっており、自動車局長通達をきっかけに各社一斉に行うようになった難燃化対策に先行したのではないか、という推測も成り立つ。

そして、2000年頃に、そのような各種の出火防止対策を講じた自動車の比率が火災統計上明らかになるほど大きくなり、その後もその比率が増大していると考えれば、この時期を境に運輸省の規制強化の範疇を超えて車両火災発生率が急減し車両火災件数も急減したことの理由が説明できると考えられる。

（5）ま と め

車両火災発生率は、2000年頃を境に急減な減少に転じている。その理由の一つは、1993年に運輸省自動車局長通達が発出されて内装の難燃規制が事実上開始され、一方、ほぼ同時期に製造物責任法が制定されたため、各社はこの時期に、この通達の「内装」難燃化とともに、その範疇に入らない「電気配線類」などの難燃化や出火防止のためのエンジンや燃料系統の技術改良なども一斉に行うようになり、ちょうど2000年頃に各種の出火防止対策を講じた自動車のストックが火災統計上明らかになるほど大きくなり、その後もその比率が増大し続けているためではないかと推測される。

以上のように、自動車の難燃化は車両火災の減少に大きく寄与しているように見える。しかし、これだけでは、車両火災の着火物で最も多い「車両内収容物」への着火が大きく減少している理由は説明できていない。今後、車両内収容物火災の動向や発火源との関係などについても分析する必要がある。

また、火災報告データを分析する限り、自動車の軽量化に伴う火災危険の増大は、難燃材料の使用により押さえ込むことに成功しているように見える。しかし、この程度の難燃化で、大火源からの着火を防ぐことができるかどうかについては、別途の検討が必要である。

市街地大火が発生した場合、昔は道路が延焼遮断帯として機能したが、自動車が燃えやすければ、かえって延焼媒体として機能してしまう可能性もある。

これについては松川の研究[1)]があるが、大地震の到来が確実視されている日本では、自動車の軽量化に伴う火災危険の増大について改めて研究し、不燃化、難燃化を追求していくことが求められていると考える。

【参考文献】

1）松川　渉：大震災時における路上自動車群の延焼に関する研究（1)，火災Vol. 31 No. 5(134)，pp.17-25，1981，同(2)，火災Vol. 31 No. 6(135)，pp.12-18，1981.

第4章

難燃性能の試験法

4．1　難燃性の評価・試験法

4．1．1　樹脂材料の難燃試験

表４－１に代表的な難燃材料の３試験方法を示す。

【表４－１】樹脂材料の難燃試験

	コーンカロリメーター	限界酸素指数	UL94
着火状態	水平燃焼上方点火	垂直燃焼上方点火	垂直燃焼下方点火
長所	輻射熱による燃焼挙動の試験。得られるデータ量が多い。 • 燃焼中の熱量解析ができる • 発煙量測定	難燃性が数値化できる。燃焼が始まるまでの酸素濃度がわかる。	裸火を着火源とする試験方法。燃焼レベルの5V>V-0>V-2>HBにおける合否がわかる。
短所	燃焼中のポリマー溶融性が不明。溶融によりポリマー比表面積を拡大させ、そこに着火する現象が不明。	上記のみの試験であり、得られる情報量が少ない。	左同

①コーンカロリメーター（CCM）（**図４－１**参照）

火災の輻射熱を想定した試験であり、上部コーンから輻射熱を水平におかれたサンプルへのイグニッションにて発火させる。In-situでの燃焼時の発熱速度、着火時間、発煙量、CO、CO_2、NO_X発生量がわかる。

②限界酸素指数（**図４－２**参照）

難燃性が数値化できる。燃焼が始まる酸素濃度がわかる。サンプルは、直火を用いた上方着火となる。難燃化の目安にはなるが、実際の火災現象との相関性は薄い。

③UL94（**図４－３**参照）

実際の燃焼に即した直火試験方法。難燃レベル5V≧V-0>V-2>HBにおける合否がわかる。しかし、難燃レベルへの合否以外に得られる情

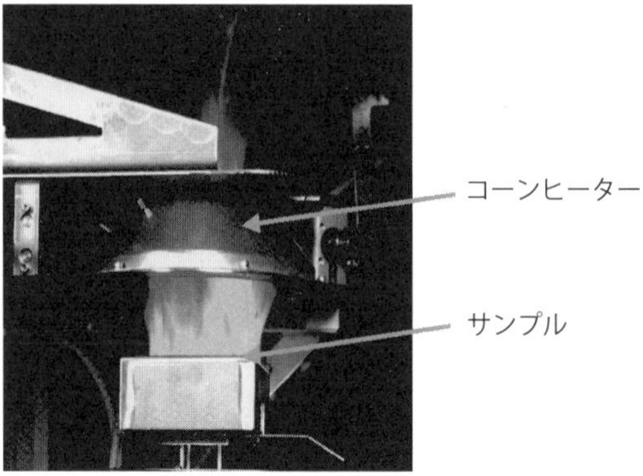

【図４－１】コーンカロリメーター

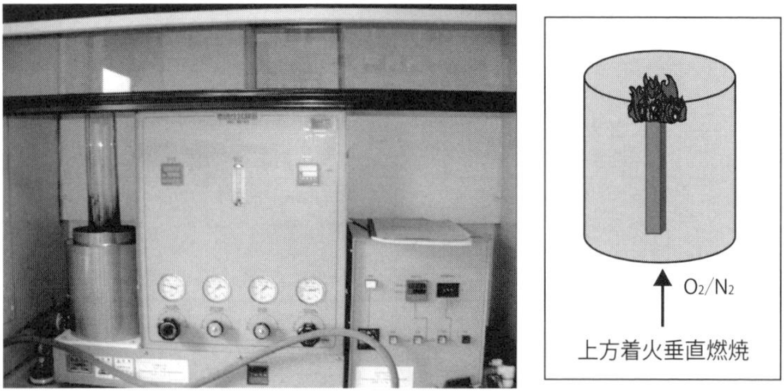

【図４－２】限界酸素指数

報量が少ない。

前項の３種類の中で、最も利用されるのがUL94である。**図４－３**に試験方法を示す。UL94は、短冊サンプルによる水平試験、垂直試験、フィルムサンプルによるVTM試験から構成される。しかし、いざ燃焼試験となると、燃焼現象は明確な物理量で測定可能なものではなく、バラツキが多い試験方法となり、許容差設計が難しい。その理由は、要因が多岐にわたることと試験方法が明確な物理量に依存しないためである。例えば、UL94垂直燃焼試験では、着火してから、消炎するまでの時間が、規定内に収まっているかのみを判断基準とする試験方法である

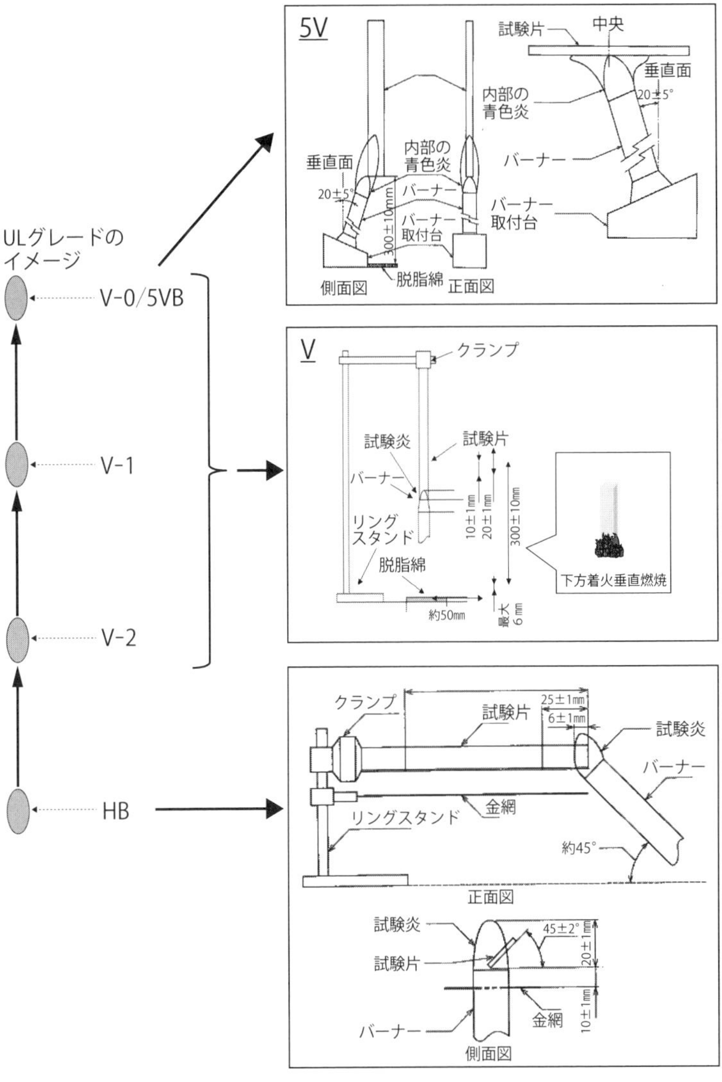

【図４－３】燃焼試験（UL94）

が、①材料の状態、②炎の当て方、③消火の判断等明確な物理量で判断できない因子がある。それらに対して、現在のところ明確な解決方法はない。しかし、経験則から解決に近づけることは可能である。例えば、

①材料の状態では、成形条件の統一（射出成形時の保圧、保持時間、金型温度等）が重要であるが、特に成形物の表面層に形成されるスキン層安定化が重要であり、スキン層に酸化膜を形成させることで難燃性は向上する。また、②、③の方法については、ライセンスを保持する試験機関やUL（米）に通い判断基準の根拠を直接聞くことが有効である。例えば、UL94V試験においての２回接炎する内の２回目接炎にて、曲がった試験片はどの箇所に接炎するのか？ドリップしてサンプル下部が溶融した試験片はどの箇所に接炎するのか等主たる注意事項と照らし合わせながら教授いただく必要がある。

上記３試験方法は、適応用途と長短所を鑑み、選択実施すべきと考える。

４．１．２　その他の試験方法（発煙量、電線ケーブル試験、車両試験等）

ここからは、用途による難燃試験方法について示す。

（１）電線ケーブル

電線ケーブルは、多くの産業分野に利用されている部材である。その難燃試験規格を**表４－２**に示す。電線ケーブルは、電力の送電、配電が目的であり、建築物や共同溝等の密閉空間で使用されることが多い。そのため、ノンハロゲン化を早く、かつ幅広く実施している。その理由は、ハロゲン系難燃剤を使用すると発煙量が多いため、火災時に視野を妨げる可能性があるためである。**表４－３**にノンハロゲン、低発煙難燃ケーブルの規格を示す。このようにケーブルの絶縁部コア部と外皮シース部ともに発煙量と酸性ガスの上限規定が定められている。特に600V以下の環境への影響を考慮したエコケーブルについては、**図４－４**に示すようないわゆる60度傾斜試験を規格化している。

（２）事務機器

樹脂の難燃性能について、外装部材（エンクロージャー）はUL94規格の5-VB材、内部部品はV-2以上、発火源はV-1以上で囲い、露出型

【表４－２】電線ケーブル難燃規格一覧

試験法	試験電線	規格	主な電線・ケーブルの品種
水平燃焼	単線	JIS C 3005	－
傾斜燃焼		JIS C 3005	JCS規格耐燃性ポリエチレン使用電線・ケーブル等
垂直燃焼		IEC 323-1	海外規格電線・ケーブル等
		IEC 332-2	海外規格電線・ケーブル等
		UL 44	家電製品向け電線・ケーブル、光ファイバーコード等
	多条布設ケーブル	IEC 332-2	海外規格電線・ケーブル等
		IEEE383	電力ケーブル・通信ケーブル等
		JIS C 3521	電力ケーブル・通信ケーブル等
		JCS 397	電力ケーブル・通信ケーブル等
		UL 1581	電力ケーブル・通信ケーブル等

【表４－３】ノンハロゲン、低発煙難燃ケーブルの規格

	ノンハロゲン通信（NTT）シース材料	原子力ケーブル（難燃架橋PE）	低塩害原子力ケーブル（PVC）	航空照明低発煙ケーブル（EPゴム＋CR）
(1) ノンハロゲン低発煙化	• ノンハロゲン材料である • 燃焼生成ガス吸収液のpH3.5以上 • 燃焼ガス比光学密度150以下	通常タイプとノンハロタイプがある。 • ノンハロタイプ、0、I 絶縁体25以上シース27以上 • 発煙性（E662）Dm150以下	• 燃焼生成ガス中のHCl量100mg/g以下	• シースHCl発生量350mg/g以下 • シース発煙量Dm400以下（ASTM662、NF）
(2) 難燃性規格	• IEEE383 垂直ケーブル燃焼試験に合格			• IEEE383 垂直ケーブル試験で上部まで燃焼しない

材料はV-1以上で構成する等の、ISO60950に準拠することが要請されている（**図４－５**参照）。そのためHBグレードの材料はギヤや軸受け等の小物部品に限られ、ほとんどの樹脂部品にはV-2以上の難燃性樹脂が使用されている。難燃樹脂としては、ABS、PC/ABS、ガラス強化PETや変性PPE等が使用されている。機器を高機能化・小型軽量化する

◎**エコケーブルの合格基準**

⑴ JIS60° 傾斜燃焼試験合格
⑵ 燃焼ガス吸収液 pH3.5以上
⑶ 発煙性、光学密度150以下

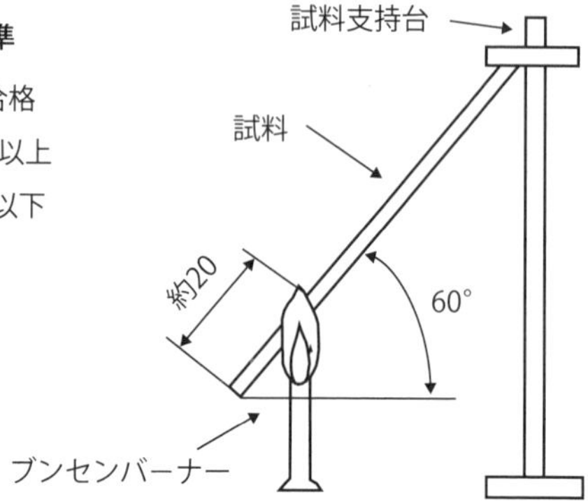

JIS60° 傾斜燃焼試験

【図４－４】エコケーブル難燃性の試験法

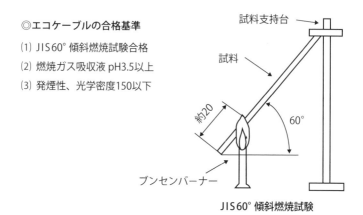

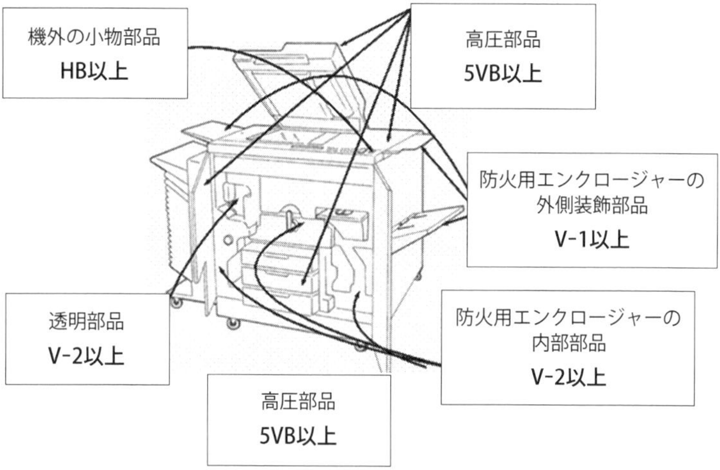

【図４－５】事務機器の難燃性基準

ために、用途に適した樹脂材料の選定が必要となる。

（３）半導体封止材料

電子機器の小型化に伴い内部部材の集積化が進み、半導体に対する負荷は年々高くなっている。特に鉛フリー化に伴う接着温度上昇に伴い、信頼性構築のための湿熱環境放置後の高耐熱試験である耐リフロー性（プリント基板に実装され電子機器製品になるまでに遭遇する環境スト

【表４－４】封止材料主要求特性

項 目	評価手法等	要求特性
1）難燃性	UL94	V-0
2）成形性	流動性、硬化性、充填性、バリ、金線曲り、離型性、金型汚れ、保存安定性、吸湿硬化性、連続成形性、その他	各種パッケージを問題なく成形できる
3）信頼性	耐リフロー性、耐湿性、高温放置特性、耐熱衝撃性	Level　Xを満たす PCT　X時間不良なし X℃　Y時間不良なし X℃⇔Y℃　Z回不良なし

レスを想定しての実装環境試験。特に鉛フリーはんだによる実装はリフロー工程の加熱温度を上昇させ半導体デバイスに対しより厳しい熱ストレスを与える要因になった）等の耐熱性が封止の要求特性として生じ、より高機能の材料特性が求められている。要求特性を**表４－４**に示す。難燃性は最高レベルのV-0が求められ、かつ特に耐湿熱性が求められる。その他の特性として、誘電率、体積固有抵抗、耐絶縁破壊電圧等の電気特性が求められる。材料としては、主にエポキシやフェノールが使用されている。

（４）建築材料

建築材料は、建築物内における有機材料の火災に対する安全性を確保することを目的にISO5660 part 1（**図４－６**参照）が制定されている。これは、コーンカロリメーターを用いた発熱量に関する試験であり、不燃、準不燃、難燃材料の三つの区分に分かれている。その３区分の燃焼試験時間が規定され、①燃焼しないこと、②変形、溶融、亀裂がないこと、③有害な煙、ガスを発生しないこと等の規定がある。なお、試験方法と評価基準は指定性能評価機関が明示することとなっており、防火材料試験が可能な指定性能評価機関がある。具体的には、日本建築センター、建材試験センター（中央試験所）（中国試験所）、ベターリビング（筑波建築試験センター）、東京消防庁消防科学研究所、北海道寒冷地住宅都市研究所等がある。

◆不燃材料　20分
発熱性試験
（ISO5660準拠　コーンカロリ計）
不燃性試験
（ISO1182準拠　不燃性試験）

◆準不燃材料　10分
発熱性試験
（ISO5660準拠　コーンカロリ計）
模型箱試験
（ISO　WD17431準拠
改訂模型箱試験）

◆難燃材料　５分
発熱性試験
（ISO5660準拠　コーンカロリ計）
模型箱試験
（ISO　WD17431準拠
改訂模型箱試験）

※すべての材料にガス有害性試験（旧告示1231号準拠）も付加

コーンカロリ計による試験の要求値
最大発熱速度
→200kW／m²以下
総発熱量
→８MJ以下

注：他の試験による要求値は各試験機関で発行する「防耐火性能試験・評価業務方法書」を参照

【図４－６】ISO5660　part １の概要

（５）車両材料

車両材料は、客室天井外板（妻部以外）・内張り、客室外板（妻部）、床材、日よけ・ほろ等様々部材に対して、難燃性要求がある。各国の規制一覧表を**表４－５**に示す。特に国内には、鉄道車両非金属材料を対象

【表４－５】車両（難燃性各国規制状況）

規制国	日本	アメリカ	EU	オーストラリア	GCC※	中国
	保安基準第20条	FMVSS 302	EC指令 95/28	ADR58	GS98	GB8410-94
適用時期	1994年4月	1972年9月	1999年10月	1988年7月	1991年5月	1996年1月
対象車種	全車種	全車種	バス	バス	全車種	全車種
適用部位	内装材料	内装材料	内装材料	内装材料	内装材料	内装材料
要求性能（燃焼速度）	100mm／分以下	４インチ／分以下	100mm／分以下	易燃性でないこと	250mm／分以下	100mm／分以下
試験方法	水平燃焼試験	水平燃焼試験	水平燃焼試験＋溶融、垂直試験	水平燃焼試験	水平燃焼試験	水平燃焼試験

※GCC（Gulf Cooperation Council）：湾岸協力会議。加盟国はサウジアラビア、クウェート、バーレーン、カタール、アラブ首長国連邦、オマーンの６カ国

とした燃焼試験方法があり、車材試験、もしくは運輸省式燃焼試験方法とも呼ばれる規格である。「鉄道車両用材料の燃焼性規格」に基づき、不燃性、極難燃性、難燃性に分けられ、例えば、交通安全公害研究所で試験可能である。また、自動車材料に関しては米国ではFMVSS302とJIS D1201を参考にしてつくられた「内装材料の難燃性の技術基準」がある。火災発生時における運転者等の安全性を高めることを狙いとしたものであり、材料が着火した後の火災伝播速度を評価実施している。主に繊維材料試験となる。

【参考文献】

1）位地，難燃材料研究会第17回プログラム，第6章（2007）
2）“NIST building and fire publications”
http://www.fire.nist.gov/bfrlpubs/bfrlall/O.html
（accessed 2011/3/2）

第5章

化学物質としての規制

本章では化学物質の安全性を審査し規制する我が国の化学物質審査規制法（化学物質の審査及び製造等の規制に関する法律）、世界規模での化学物質の規制条約であるストックホルム条約（POPs条約）、ヨーロッパの規制法であるREACH、更にはRoHS指令及び米のTSCA等における難燃剤の規制状況とその考え方について述べる。

5.1　化学物質審査規制法

化学物質審査規制法は1973年に世界で初めて一般工業化学物質の事前審査制度の導入を目的として成立した。**5.2項**で述べるように、この法律はその根底にある思想が、法制定後30年も後に成立した残留性有機汚染物質に関するストックホルム条約と長距離移動性を除きまったく同一である。

5.1.1　制定の背景

化学工業により生産される化学物質が消費・廃棄の過程で環境に放出され、これらの物質による環境汚染の発生があり、従来の工場の煙突や排水口から環境中に排出される不要な化学物質に対する排出規制では対応が不可能な状況が出てきたこと、またカネミ油症事件に見られるように、微量を長期的に摂取した場合に人の健康に影響が出る物質があることが明らかとなったことが制定の背景として挙げられる。毒物及び劇物取締法は強い急性毒性を持つ物質が、また労働安全衛生法は発がん性等を有する物質が規制対象である。そのためポリ塩化ビフェニル（PCB）のような強い急性毒性は持たず、発がん性が明らかでない物質には対応ができず、新たな法律の制定が必要であった。

5.1.2　対象とされる化学物質

特定の用途にのみ使用される化学物質、例えば医薬品、農薬、食品添加物等を除く広範かつ多様な化学物質が対象となる。国内市場に初めて流通する前の段階で有害性の観点から審査をし、必要な規制を行う。

5.1.3　改正の歴史

（1）1986年の改正

トリクロロエチレンのように環境中において分解性は認められないが、PCB類とは異なり生物濃縮性はなく、かつ継続して摂取される場合には人の健康に有害な影響を与える物質を第二種特定化学物質として規制の対象にした。

（2）2003年の改正

本法の制定当初の目的は環境経由による化学物質からの人の健康の保護であったが、OECD（経済協力開発機構）からの勧告を受け、環境中の動植物への影響にも着目した審査・規制制度を導入した。

（3）2009年の改正

2002年開催の持続可能な開発に関する世界首脳会議（World Summit on Sustainable Development；WSSD）での合意、すなわち予防的取組方法に留意しつつ、透明性のある科学的根拠に基づくリスク評価手順と科学的根拠に基づくリスク管理手順を用いて、化学物質が人の健康と環境に及ぼす著しい悪影響を最小化する方法で使用、生産されることを2020年までに達成を実行するため下記以下のような改正が行われた。

1）既存化学物質を含むすべての化学物質について、一定数量以上の製造・輸入を行った事業者に対し毎年度その数量等を届け出る義務を課す。

2）従来は主として化学物質のハザードに着目して規制を行ってきたが、今後はリスクの視点から審査・規制を行う。

3）前述の届け出の内容や有害性にかかわる既知見等を踏まえ、優先的に安全性評価を行う必要のある化学物質を優先評価化学物質に指定する。

なお、優先評価化学物質とは、環境において相当程度残留又はその見込みがあり、当該化学物質による環境の汚染により人の健康にかかわる被害又は生活環境動植物の生息若しくは生育にかかる被害を生ずる恐れがないとは認められないことから、その性状に関する情報を収集、その使用等の状況を把握し、その恐れがあるものかどうかについての評価を優先的に行う必要性がある物質をいう。

4）必要に応じて優先評価化学物質の製造・輸入業者に有害性情報の提出を求めるとともに、取扱事業者にも使用用途の報告を求める。

5）優先評価化学物質にかかわる情報収集及び安全性評価を段階的に進めた結果、人又は動植物への悪影響が懸念される物質については現行法と同様に、特定化学物質として製造・使用規制等の対象とする。

6）これまで規制の対象としていた環境中で分解しにくい化学物質に加え、環境中で分解しやすい化学物質についても対象とする。

7）ストックホルム条約で規制された物質について規制するほか、第一種特定化学物質について、新たにエッセンシャルユースを認める。

これらの改正を経て、現在の化学物質審査規制法の目的は次のようになっている。

「この法律は人の健康を損なう恐れ又は動植物の生息若しくは生育に支障を及ぼす恐れがある化学物質による環境の汚染を防止するため、新規の化学物質の製造又は輸入に際し事前にその化学物質の性状に関し審査する制度を設けるとともに、その有する性状等に応じ、化学物質の製造、輸入、使用等について必要な規制を行なうことを目的とする」

5．1．4　化学物質審査規制法の体系

図５－１に全体の体系図を示す。

本法での分解性試験条件を**表５－１**に、判断基準を**表５－２**に示す。本法での分解性評価の特徴は完全分解性を見ていることであり、変化生

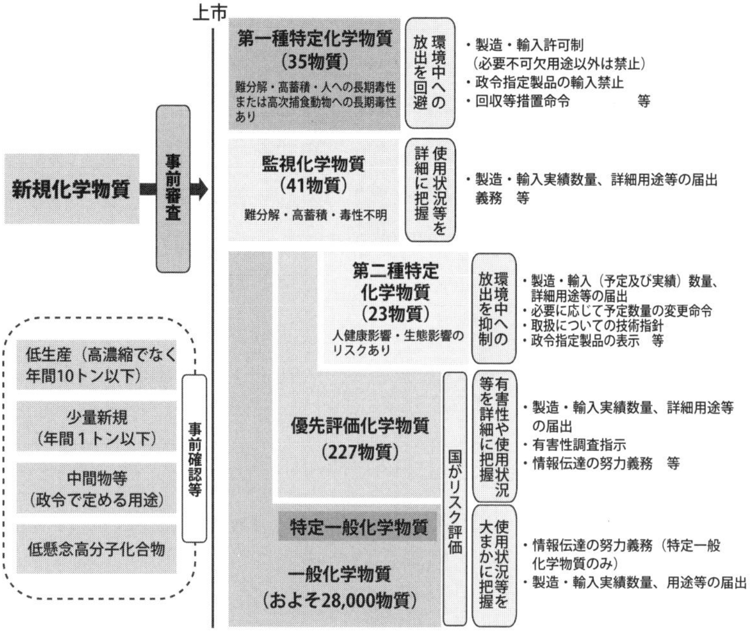

資料：経済産業省ホームページ公表資料に一部加筆（物質数は2021年10月末時点）

【図５－１】化審法体系図

【表５－１】分解性の試験条件

易分解性試験条件の例（OECD TG 301C）

1）微生物源　標準活性汚泥	30㎎/L
2）試験物質濃度	100㎎/L
3）培養温度	25±１℃
4）培養期間	４週間
5）分　　析	BOD、DOC 本体及び変化物
6）結果の表示	分解度

【表５－２】分解性の判断基準

結果の評価と判定（化学物質審査規制法）

良分解性（次の二つを満足すること） 1）三つの試験容器のうち二つ以上でBODによる分解度が60%以上で、かつ三つの平均値が60%以上。 2）分解生成物が存在していないこと。

【表５－３】濃縮性の判断基準
結果の評価と判定（化学物質審査規制法）

1）BCFが5,000倍以上 高濃縮性である
2）BCFが1,000倍未満　または　logPowが3.5未満 高濃縮性ではない
3）BCFが1,000倍以上5,000倍未満 排泄性、部位別濃縮性データ等から判断

成物については可能な限り同定することが必要である。この場合、何％以上の生成物は同定すべきとの確固たる基準はないが１％以上の生成物が一つの目安になる。

なお、濃縮倍率に濃度依存性認められた場合はより低濃度での試験が必要となる場合がある。このほかに28日間反復投与毒性、変異原性試験としてAmes試験、染色体異常試験がスクリーニングレベルで要求されている。

5．1．5　難燃剤の規制状況

本法における難燃剤の規制状況を以下に示す。各物質の定義、規制内容は**図５－１**を参照されたい。

①第一種特定化学物質

ポリブロモジフェニルエーテル（臭素数は４から７）
デカブロモジフェニルエーテル
ヘキサブロモシクロドデカン
ヘキサブロモビフェニル
ポリ塩化直鎖パラフィン（炭素数が10から13までのものであって、塩素の含有量が全重量の48パーセントを超えるもの）

②第二種特定化学物質

該当する難燃剤なし

③監視化学物質

ポリブロモビフェニル（臭素数は２から５）

④優先評価化学物質

りん酸トリトリル

これらのうち、第一種特定化学物質はいずれもストックホルム条約の指定に基づき、化学物質審査規制法でも指定されたため、指定の詳細はストックホルム条約の中で述べる。

5.2　残留性有機汚染物質に関するストックホルム条約（POPs条約）

本条約についてその制定の背景及び目的を理解するため、前文を以下に記す。

「この条約の締約国は、

残留性有機汚染物質が、毒性、難分解性及び生物蓄積性を有し、並びに大気、水及び移動性の種を介して国境を越えて移動し、放出源から遠く離れた場所に堆積して陸上生態系及び水界生態系に蓄積することを認識し、

残留性有機汚染物質の現地における暴露により、特に開発途上国において生ずる健康上の懸念、特に女性への及び女性を介した将来の世代への影響を認識し、

北極の生態系及び原住民の社会が残留性有機汚染物質の食物連鎖による蓄積のため特に危険にさらされており並びにその伝統的な食品の汚染が公衆衛生上の問題であることを確認し、

残留性有機汚染物質について世界的規模の行動をとる必要性を意識し、

残留性有機汚染物質の排出を削減し又は廃絶する手段を講ずることにより、人の健康及び環境を保護するための国際的行動を開始するとの国際連合環境計画管理理事会の1997年２月７日の決定19/13Cに留意し、

関連する環境に関する国際条約、特に、国際貿易の対象となる特定の有害な化学物質及び駆除剤についての事前のかつ情報に基づく同意の手続きに関するロッテルダム条約並びに有害廃棄物の国境を越える移動及びその処分の規制に関するバーゼル条約（同条約第11条の枠組みの中で作成された地域的な活動を含む）の関連規定を想起し、

また、環境及び開発に関するリオ宣言並びにアジェンダ21の関連規定を想起し、

予防がすべての締約国における関心の中核にあり及びこの条約に内包されることを確認し、

この条約と貿易及び環境の分野における他の国際協定とが相互に補完的であることを認識し、

諸国は、国際連合憲章及び国際法の諸原則に基づき、その資源を自国の環境政策及び開発政策に従って開発する主権的権利を有すること並びに自国の管轄又は管理の下における活動が他国の環境又はいずれの国の管轄にも属さない区域の環境を害さないことを確保する責任を有することを再確認し、

開発途上国（後発開発途上国）及び移行経済国の事情及び特別な必要、特にこれらの国の化学物質の管理に関する能力の強化（技術移転、資金援助及び技術援助の提供並びに締約国間の協力の促進を通ずるものを含む）が必要であることを考慮し、

1994年5月6日にバルバドスで採択された開発途上にある島嶼国の持続可能な開発のための行動計画を十分に考慮し、

先進国及び開発途上国の各国の能力並びに環境及び開発に関するリオ宣言の原則7に規定する共通に有しているが差異のある責任に留意し、

残留性有機汚染物質の排出の削減又は廃絶を達成するうえで、民間部門及び非政府機関が果たしうる重要な貢献について認識し、

残留性有機汚染物質の製造者が、その製品による悪影響を軽減し

並びにこのような化学物質の有害な性質についての情報を使用者、政府及び公衆に提供する責任を負うことの重要性を強調し、

残留性有機汚染物質がそのライフサイクルのすべての段階において引き起こす悪影響を防止するための措置をとる必要性を意識し、

国の機関は、汚染者が原則として汚染による費用を負担すべきであるという取組方法を考慮し、公共の利益に十分に留意して、並びに国際的な貿易及び投資を歪めることなく、環境に関する費用の内部化及び経済的な手段の利用の促進に努めるべきであると規定する環境及び開発に関するリオ宣言の原則16を再確認し、

駆除剤及び工業用化学物質を規制し及び評価する制度を有しない締約国がこのような制度を定めることを奨励し、

環境上適正な代替となる工程及び化学物質を開発し利用することの重要性を認識し、

人の健康及び環境を残留性有機汚染物質の有害な影響から保護することを決意して、

次の通り協定した。」

本条約の目的は第１条に述べられている。

「この条約は、環境及び開発に関するリオ宣言の原則15に規定する予防的な取組方法に留意して、残留性有機汚染物質から人の健康及び環境を保護することを目的とする」

具体的には、本条約は、環境中で分解されにくく、食物連鎖等により生物体内に蓄積しやすく、地球上で長距離を移動して遠い国や地域の環境にも悪影響を及ぼす恐れがあり、いったん環境中に排出されると我々の体や生態系に有害な恐れのある化学物質、いわゆるPOPsを規制するために制定され、2004年に発効した。

5.2.1　加盟国の義務

本条約に基づき各国が講じる主な対策は以下の通りである。

（1）製造・使用の禁止

附属書Aに記載された物質の意図的製造及び使用を原則として禁止する。また附属書Bに記載された物質の意図的製造及び使用を制限する。

（2）貿易上の禁止・制限

附属書A及びBに記載された物質の輸出入について、環境上の適切な処理を行う場合等を除き、原則禁止とする。

（3）新規及び既存化学物質のPOPs性状を考慮した審査と規制

附属書Dの基準を考慮し、新規農薬又は工業化学物質の規制のための措置を実施する。また、既存化学物質についても適宜、附属書Dの基準を考慮して措置を実施する。

（4）非意図的生成物の排出削減

附属書Cに記載された物質（非意図的生成物）の排出を削減するため、その排出源を特定し、行動計画を策定する。

（5）ストックパイル及び廃棄物の処理

附属書A及びBに記載された物質のストックパイルを把握・管理し、附属書A、B及びCに記載された物質の廃棄物の適正な処分を実施する。

（6）そ の 他

国内実施計画の策定と締約国会議への提出、情報交換の促進、広報・教育等の実施、研究開発・モニタリングの実施、技術協力、資金供与などを実施する。

5.2.2　POPRC

POPRCとは締約国等から提案された化学物質がPOPsに該当するか否かを審議する機関であり、Persistent Organic Pollutant Review Committee（残留性有機汚染物質検討委員会）の略である。POPRCは2005年にCOP（締約国会議）の下部組織として発足し、世界の５地域（アジア太平洋、アフリカ、西ヨーロッパその他、中央・東ヨーロッパ、ラテンアメリカ及びカリブ）ごとにメンバーの人数が決められており、定員は合計31名である。以下、POPRC設立後に審議された難燃剤関係の物質について、特に附属書Ｄの判定基準を満たさないと考えられる物質が、判定基準をどのように拡大解釈し、適用されてきたかについて述べる。

5.2.3　検討手順及び判定基準

図５－２にPOPs条約へ追加される物質の検討手順を示す。

まず、締約国から物質の提案があると、事務局は附属書Ｄに規定するすべての事項が記述されているかの書式的な確認を行い、必要事項が満たされていると判断される場合にはPOPRCメンバーにその提案書を送付する。これはPOPRC開催の３カ月以上前に行われねばならない。それを受けてPOPRCでは提案物質がまず附属書Ｄの要件に合致するか否かの審議を行う。附属書Ｄに規定された情報要件及びスクリーニング基準を**表５－４**に示す。

表５－４に示すように、附属書Ｄのスクリーニング基準のうち残留性、生物蓄積性については数値基準が定められている。ここで、生物蓄

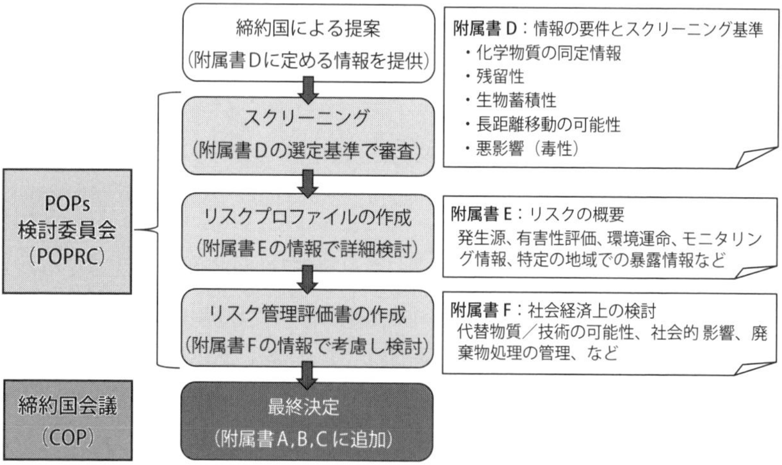

【図５－２】POPs条約に追加される物質の検討手順

【表5－4】附属書Dの情報要件及びスクリーニング基準

(a) 化学物質の同定	i）物質名 ii）構造（異性体の特定を含む）
(b) 残留性	i）水中における半減期＞2カ月、又は土壌中における半減期＞6カ月、又は底質中における半減期＞6カ月 ii）その他の科学的根拠
(c) 生物蓄積性	i）水生生物におけるBCF※1又はBAF※2＞5,000（BCF又はBAFデータがない場合、log Kow＞5） ii）他の生物における高い生物蓄積性や生態毒性を示す根拠 iii）生物蓄積性の可能性を示す、生物相におけるモニタリングデータ
(d) 長距離移動性	i）排出源から離れた地点における測定濃度 ii）長距離にわたる移動が大気、水、渡り鳥などの回遊性の生物種を経由して起こることを示すモニタリングデータと、環境への移動可能性 iii）環境中運命又は大気を経由した長距離にわたる移動可能性を示すモデル計算結果と、排出源から離れた地点における環境への移動可能性。大気を経由して著しく移動する物質の場合、大気中の半減期＞2日
(e) 有害影響	i）人の健康や環境に対する有害な影響 ii）人の健康や環境を損なう可能性を示す毒性データ、又は生態毒性データ

※1 BCF；Bioconcentration factor　水からの取り込みに関する濃縮係数
※2 BAF；Bioaccumulation factor　水及び餌を含むすべての経路からの取り込みに関する濃縮係数

積性であるが、bioaccumulationとなっており、これは実験室で行われる鰓を介した通常の濃縮性（bioconcentration）と自然界でみられる食物連鎖を考慮した濃縮性（biomagnification）の両方の取り込みを含む概念である。また、生物蓄積性についてはBCF等の数値基準に加え、他の生物における高い生物蓄積性や生態毒性を示す根拠や生物相におけるモニタリングデータも考慮することとなっている。長距離移動性についても数値基準が定められているが、提案された物質が極域で検出された場合は、基本的に長距離移動性があると判断している。なお、長距離移動性に関しては近年、プラスチックを介した長距離移動性についての検討も開始されており、今後の動向に注視が必要と考えられる。

附属書Ｄの基準の適用についてはPOPRCでは条約第８条に基づき提供されたすべての情報が統合され、かつ均衡の取れた方法及び弾力的かつ透明性のある方法で行うことにしている。従って、四つの指標（残留性、生物蓄積性、長距離移動性、有害影響）のどれか一つが満たされないからといって、全体的な結論が否定されるものではなく、weight of evidenceに基づき柔軟に判断している。

附属書Ｄがその要件を満たすとPOPRCにより判断されると、次に附属書Ｅ（リスクプロファイル）の文書の作成に入る。附属書Ｅの内容を**表５－５**に示す。

この作業は基本的には当該物質の提案国が担当し、締約国及びオブザーバーからの提供情報を基に行われる。附属書Ｅはリスクプロファイルとあるように、リスク評価書ではないが、採択をするか否かの判断は以下に示すようにリスク評価になっている。

附属書Ｅの採択基準は「当該化学物質が、長距離にわたる自然の作用による移動の結果、世界的規模の行動を正当化するような人の健康又は環境に対する重大な悪影響をもたらす恐れがあるかかどうか」であり、これが決定されると次に附属書Ｆ（リスク管理評価書）の作成に入る。**表５－６**に附属書Ｆの内容を示す。

附属書Ｆの作成についても基本的に提案国が、締約国及びオブザーバーからの情報を基に行う。

【表５－５】附属書Ｅ（リスクプロファイル）の内容

a）発生源 量及び場所を含む製造データ、用途、放出
b）懸念のある項目についての有害性評価 （複数の化学物質が関与する毒性学上の相互作用も）
c）環境内運命
d）モニタリング情報
e）特定の地域における暴露情報（特に長距離にわたる自然の作用による移動の結果として）
f）国内及び国際的なリスク評価、ラベル表示、有害性分類
g）国際条約での位置付け

【表５－６】附属書Ｆ（リスク管理評価書）の内容

a）リスクを減少させる規制措置の有効性及び効率性 技術的実用可能性、費用
b）代替品 代替技術の可能性、費用、有効性、リスク、利用可能性、利用が容易な程度
c）可能な規制措置の実施が社会に与えうる肯定的または否定的な影響 健康、農業、生物多様性（biodiversity）、経済的側面、持続可能な開発に向けた動き、社会的費用、影響
d）廃棄物及び処分の関連技術的実用可能性、費用
e）情報の利用及び公衆の教育
f）規制及びモニタリング能力の状況
g）国内または地域での規制措置

最終的に附属書Ｆが採択されると、提案された物質を附属書Ａ又はＢに加えるべきか、更に非意図的生成があるときには附属書Ｃにも加えるべきかの検討を行い、これらのPOPRCの勧告がCOPで審議され最終決定される。附属書Ｆはリスク管理書であり、その特徴は**表５－６**にもあるように、当該物質の規制がリスク削減上有効であるかどうか、規制措置の実施が社会に与えうる影響、代替品の可能性などがあり、規制を行うにあたり社会への影響を考慮しているといえる。

なお、附属書ＡとＢの相違であるが、両附属書とも適用除外を認めている。附属書Ａに加えられる物質は製造、使用、輸出入の廃絶であり、個別適用除外は原則５年である。一方、附属書Ｂであるが、これは製造、使用、輸出入の制限が目的であり、個別適用期限の制限はない。

５．２．４　POPRC設立後に審議された難燃剤

（１）ポリ臭素化ジフェニルエーテル（PBDE）

製剤中に含まれる臭素数４、５、６及び７の成分のみがPOPsに指定され、附属書Ａに追加された。臭素数が８の成分は分子量が大きく、生物濃縮されないことより除外された。

（２）ヘキサブロモシクロドデカン（HBCD）

本物質についてはその性状からPOPsであることに異論はないが、難

燃剤として広く利用されており、その代替可能性について更なる調査を行い、最終的に建築用のビーズ法発泡スチレン及び押し出し発泡スチレンに用いるHBCDの製造及び使用を適用除外としたうえで、廃絶を目指す附属書Ａに追加された。

（３）デカブロモジフェニルエーテル

本物質についての最大の争点はその生物濃縮性の評価であった。（１）に述べたように臭素数が８以上のブロモジフェニルエーテルはその分子サイズから濃縮性がないと判断されてきたことから、本物質についても当然濃縮性が認められないという意見に対し、生物濃縮性は食物連鎖による濃縮性も考慮すべきとの議論が対立したが、最終的には生物濃縮性が認められるとの判断がなされ、附属書Ａに追加された。なお、自動車及び航空機用の特定の交換部品を適用除外とすることになった。

（４）短鎖塩素化パラフィン（SCCP）

本物質については2006年のPOPRC2に提案され、生分解されないこと、濃縮性は魚類に対し5,000倍以上であることから附属書Ｄを満足するものと判定され、2007年のPOPRC3で附属書Ｅの議論を行った。最大の問題点は、「長距離移動の結果、現地の生物に重大な悪影響をもたらすか否かの基準」についての判断が困難であり、そのため附属書Ｅの段階で情報収集が長期間にわたって行われた。最終的に2016年に開催されたPOPRC12において附属書Ａに追加する勧告を行うことが合意され、2017年のCOP8で附属書Ａへの追加が決定した。

５．２．５　POPRCの今後の動向

SCCP以降も、2019年のPOPRC15で提案されたデクロランプラス、2021年～2022年のPOPRC17で提案された中鎖塩素化パラフィン（MCCP）など、難燃剤用途を有する工業化学品のPOPs指定の提案が続いている。また、**５．２．３項**で触れたように、長距離移動性に関しては、プラスチックを介した長距離移動性の評価について検討が進められている。今後もPOPs条約における評価動向の注視が必要である。

5.3 REACH

REACH（Registration, Evaluation, Authorisation and Restriction of CHemicals、化学物質の登録、評価、認可及び制限に関する規則）は、2007年6月1日に発効されたEU（欧州連合）の化学物質の規則である。REACHはリスク評価を基礎とする化学物質管理という国際的な潮流を法体系として具現化したものといえる。基本的な考え方は、REACH規則第5条のタイトルでもあるNo Data, No Market.（データなければ、EUへの上市なし）に集約される。データとは、化学物質がもたらすリスクが適切に管理されていることを示す科学的なデータであり、そのための分析・試験・評価（アセスメント）が必要になる。

5.3.1 概　要

REACHの目的は、人健康及び環境の高いレベルでの保護を確保すること、企業の競争力や技術革新を強化すること、とされている（規則第1条）。REACHはEUの規則であり、対応が必要とされるのはEU域内の企業等であるが、EUへの輸出品についても対象とされることから日本を含め、EU域外の企業等にも影響を及ぼす。

REACHが初めて言及されたのは、2001年のEUの「将来の化学物質政策に関する白書」においてである。一方、国際的な動きとしては、2002年に持続可能な開発に関する世界首脳会議（WSSD；World Summit on Sustainable Development）が開催され、科学的根拠に基づくリスク評価、リスク管理手順の重要性が認識され、「2020年までに、予防的取組み方法に留意しつつ、科学的根拠に基づくリスク評価手順を用いて、化学物質が人と環境にもたらす悪影響を最小化する方法で、使用、生産されることを達成する。」ことが目標とされた。そして、2006年に国際的な化学物質管理に関する戦略的アプローチ（SAICM；Strategic Approach to International Chemicals Management）が制定されている。

このように、REACHは国際的な化学物質管理の重要な動きがあった時期2007年６月１日に発効されており、リスク評価を基礎とする化学物質管理という国際的な潮流を初めて法体系として具現化したものともいえる。

REACH以前の化学物質規制は、１）規制の対象は新規化学物質、２）登録申請に必要な情報は主としてハザード情報、３）製品に含まれる化学物質は対象外、という特徴を有しているが、REACHでは、１）従来から広く使われている既存化学物質も規制の対象、２）申請に暴露評価、リスク評価、リスク管理も求められる、３）製品（成形品）に含まれる化学物質も対象、というような大きな違いがある。

５．３．２　REACHの構成

REACHの構成を**図５－３**に示す。法律名の通り、登録、評価、認可及び制限という４項目とサプライチェーンにおける情報伝達から構成されている。

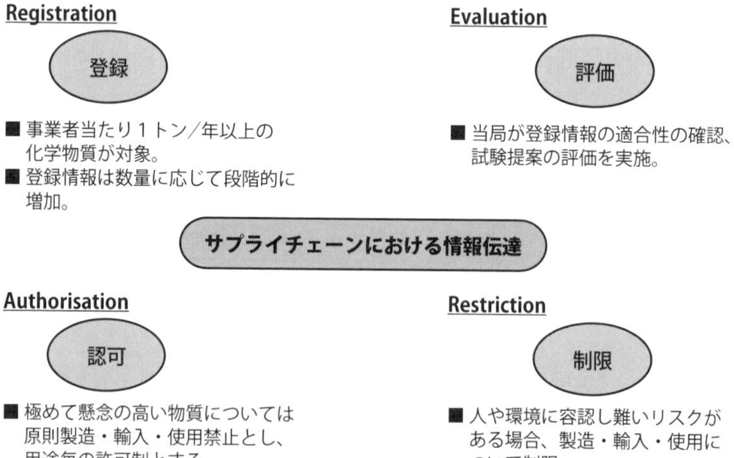

【図５－３】REACHの構成

（1）登　　録

他の法令等で規制されている化学物質を除き、工業化学品を網羅的に規制していることが大きな特徴であり、EUの製造事業者又はEUの輸入事業者当たり年間１トン以上の化学物質について製造者・輸入者に対して登録を義務付けている。登録の対象は物質単位であり、混合物の場合は混合物そのものでなく含まれる各成分が対象となる。ポリマーはポリマーを構成するモノマーが登録対象となっており、EU域外からポリマーを輸入する場合、実際には輸入されてないモノマーの登録が必要である。また、製品から意図的に放出される物質も登録対象である。登録はREACH施行に合わせて設立された欧州化学品庁（ECHA；European Chemicals Agency）に対して行う。登録時には、１－10トン、10－100トン、100－1,000トン、1,000トン以上の四つの製造・輸入数量帯に応じたハザードデータセットが要求される。また、10トン以上の場合は、暴露評価、リスク評価の実施が登録者に要求され、化学品安全性報告書（CSR；Chemical Safety Report）の提出も必要となる。動物愛護の観点からハザードデータのうち、脊椎動物試験のデータは登録者間での共有が義務付けられている。REACHの実際的な運用は2008年に始まった。その時点での既存化学物質については、年間の製造・輸入数量帯に応じた登録期限が設けられ、2018年６月１日に登録が締め切られた。それ以降に、新たにEU域内で年間１トン以上製造又は輸入する場合は、製造・輸入前に登録を完了させる必要がある。

（2）評　　価

ECHAは、登録情報の適合性の確認、登録内容の評価を行う。また、人健康又は環境にリスクがあると判断される根拠がある物質については、有害性情報の追加など更なる評価を行う。

（3）認　　可

REACH規則における「認可」とは、極めて懸念の高い物質については原則製造・輸入・使用禁止とし、用途ごとに許可制とすることである。極めて懸念の高い物質とは、以下の条件を少なくとも一つ満たす物質である。

- 発がん性（Carcinogenicity）カテゴリー1A又は1B
- 変異原性（germ cell Mutagenicity）カテゴリー1A又は1B
- 生殖・発生毒性（Reproductive toxicity）カテゴリー1A又は1B、性機能及び生殖能に対する悪影響又は発生に対する悪影響
- PBT（難分解性、生物蓄積性及び毒性；Persistent, Bio-accumulative and Toxic）
- vPvB（極めて難分解性で高い生物蓄積性；very Persistent and very Bio-accumulative）
- 上記以外に人健康や環境に重大な影響が起こりうる科学的証拠があり、同等の懸念を引き起こす物質

なお、上記カテゴリーのうち発がん性の1Aは人に対して発がん性があることが知られている、1Bは人に対しておそらく発がん性があることを指す。変異原性（生殖細胞変異原性）の1Aは、人生殖細胞に経世代突然変異を誘発することが知られている、1Bは人生殖細胞に経世代突然変異を誘発するとみなされるべきことを指す。生殖・発生毒性の1Aは人に対して生殖・発生毒性があると知られている、1Bは人に対して恐らく生殖・発生毒性があることを指す。

EU加盟国が上記の性質に該当するとの見解を有する物質についてECHAに文書を提出し、欧州委員会等での検討を経て合意が得られれば、懸念の高い物質（SVHC；Substances of Very High Concern）として特定され、認可対象物質となる前段階として候補物質リスト（Candidate list）に記載される。記載されると川下ユーザーへの情報伝達などの義務が生じる。

ECHAにおいて候補物質リストの中から、固有の性質、使用量、広範囲な用途に用いられているか等が考慮され、認可対象物質候補としてノミネートされる。パブリックコンサルテーション等を経て、認可対象物質が決定され、附属書XIV（認可対象物質リスト）に記載される。認可

対象物質を上市・使用したい場合は、登録とは別に特定の用途ごとに認可申請が必要である。なお、認可は期限付きであり、代替品、代替技術が利用可能になると認可が取り消される。

（4）制　　限

物質の製造、使用又は上市によって人の健康又は環境へ容認できないリスクが生じ、EU共同体として対処する必要がある場合には、当該物質の使用禁止等の制限が課せられる。制限物質は附属書XⅦに制限の内容とともに記載されている。制限の内容は、全面的な製造、上市、使用禁止から、特定の用途への使用の禁止等、物質（群）ごとに定められている。

5.3.3　REACHにおける臭素系難燃剤

（1）認　　可

デカブロモジフェニルエーテル（DecaBDE）がPBT及びvPvBであるとして、また、ヘキサブロモシクロドデカン（HBCDD）がPBTであるとして、認可対象物質の候補物質リストに記載されている。また、2021年7月にジブロモネオペンチルグリコール（BMP）が発がん性であるとして認可対象物質の候補物質リストに追加された。

HBCDDは認可対象物質でもあり、原則として製造・輸入・使用が禁止されている。HBCDDには用途の認可申請がなされており、13社が共同で申請していた二つの用途、1）難燃剤としてHBCDDを用いる固体非発泡ペレットによる難燃性ビーズ法ポリスチレンフォーム（EPS）の形成（建築材料として使用に関して）、2）建築材料として使用する難燃性EPS製品の製造、が承認されたことが2016年1月の官報に公示された（2016/C 10/04）。認可の見直し期限は、2017年8月21日となっていた。2021年8月1日現在、欧州化学品庁（ECHA）の認可に関するホームページでは、ともにStatus：Authorisation expired（期限切れ）とされている。

（2）制　　限

REACHにおいて制限対象となっている臭素系難燃剤の制限内容を**表5－7**に示す。

【表5－7】REACHにおいて制限対象となっている臭素系難燃剤

制限物質	制限内容
Diphenylether, octabromo derivative $C_{12}H_2Br_8O$ オクタブロモジフェニルエーテル	1．物質として、0.1重量%を超える濃度で物質の構成成分または混合物として、上市または使用してはならない。 2．0.1重量%を超える濃度で本物質を含む成形品、または難燃性の部品は上市してはならない。 3．適用除外として、2004年8月15日以前にEU共同体内で使用されていた成形品、及びRoHS指令の対象となる電気 ・電子機器には2項は適用されない。
Polybromobiphenyls ; Polybrominatedbiphenyls (PBB) CAS No. 59536-65-1 ポリブロモビフェニル(PBB)	1．皮膚と接触する繊維製品（例えば、衣類、下着、リネン製品等）に使用してはならない。 2．１項に沿わない成形品は上市してはならない。

5．4　RoHS指令

RoHS（Restriction of the use of certain Hazardous Substances、電気・電子機器に含まれる特定有害物質の使用制限）指令は、2003年に公布された。電気・電子機器への有害物質の使用を禁止し、人の健康の保護と廃電気・電子機器の環境に配慮した回収と廃棄を促進することを目的としている。

5．4．1　概　　要

RoHS指令では、2006年7月1日以降にEUに上市される新しい電気・電子機器について、鉛、水銀、カドミウム、六価クロム、ポリブロモビフェニル（PBB）、ポリブロモジフェニルエーテル（PBDE）の含有を禁止している（第4条）。含有許容濃度の閾値は、鉛、水銀、六価クロム、PBB、PBDEについては均質材料当たり0.1重量%、カドミウムは均質材料当たり0.01重量%である［COMMISSION DECISION（欧州委員会決定）2005/618/EC］。RoHS指令は2011年に改正され、改正指令が2013年1月3日から有効となっている。改正指令はRoHS（Ⅱ）指令と呼ばれている。改正により対象製品は交流1,000ボルト、直流1,500ボルトを越えない定格電圧を持つすべての電気・電子機器となった（ただし、付属書Ⅲ及び付属書Ⅳに適用除外用途が記載されている）。2015年6月4日に含有禁止物質のリストである附属書Ⅱの修正に関する官報が公示され［COMMISSION DELEGATED DIRECTIVE（欧州委員会委任指令）（EU）2015/863）、フタル酸ビス（2－エチルヘキシル）（DEHP）、フタル酸ブチルベンジル（BBP）、フタル酸ジブチル（DBP）、フタル酸ジイソブチル（DIBP）の4物質が追加された。含有許容濃度の閾値はいずれも0.1重量%である。新たな4物質についての規制は、医療機器等を除いて2019年7月22日から適用されている（医療機器等は2021年7月22日から適用）。

5．4．2　RoHS指令における臭素系難燃剤

PBBとPBDEが電気・電子機器への含有禁止物質として規制されている。なお、PBDEのうちデカブロモジフェニルエーテル（decaBDE）については、RoHS指令が適用されない時期があったが、欧州裁判所での決定を受け2008年7月1日から再び禁止物質となっている。

5．5　WEEE指令

WEEE（Waste Electrical and Electronic Equipment、廃電気・電子機器）指令は、RoHS指令と同時に2003年に公布された。廃電気・電子機器のリサイクル・再利用を推進することにより人の健康と環境の保護を行うことを目的としており、回収の目標等が定められている。

5.5.1　概　　要

WEEE指令における対象製品は、大型家庭用電気器具、小型家庭用電気器具、IT及び通信機器、民生用機器、照明器具、電気・電子工具（大型の固定式産業用工具を除く）、玩具、レジャー及びスポーツ用機器、医療用機器、監視・制御装置、自動販売機の10種類である（第２条、付属書IA)。電気・電子機器の生産者に対しては、特に再利用とリサイクルが容易となるような製品設計と製造を推進すること（第４条)、利用可能な最良の技術を使用したWEEE処理システムを構築すること（第６条）等が求められている。

EU域内のWEEE発生量が当初の予想よりも多いこと等を背景としてWEEE指令の改正版［WEEE（Ⅱ）指令］が2012年７月24日に公布された。基本的な理念は変わらないが、対象製品群が2018年８月15日から６種類に再編成され、WEEEの具体的な回収率（collection rate）の導入等が行われた。

5.5.2　WEEE指令における臭素化難燃剤

再利用・リサイクルに向けて、分別収集されたWEEEからすべての液体を取り除くこと、特定の物質、混合物及び部品を除去することとされている（旧指令第６条、改正指令第８条)。特定の物質、混合物及び部品は付属書Ⅱ（旧指令)、付属書Ⅶ（改正指令）に記載されている。

付属書には、臭素系難燃剤を含有するプラスチック（plastic containing brominated flame retardants）が記載されており、分別収集されたWEEEから除去すべき部品として位置付けられている。

【参考文献】

1）北野　大，神園麻子：「残留性有機汚染物質（POPs）規制の動向及び我が国の化審法における化学物質の審査状況と今後の課題」日本農薬学会誌，38，167-174

2）北野　大「ストックホルム条約とPOPRCでの検討状況」地球環境，19 109-114（2014）
3）Stockholm Convention on Persistent Organic Pollutants（POPs）UNEP 2009
4）REACH規則（前文及び本文）環境省仮訳
5）REACH規則（附属書）環境省仮訳
6）REGULATION (EC) No 1907/2006 OF THE EUROPEAN PARLIAMENT AND OF THE COUNCIL of 18 December 2006 concerning the Registration, Evaluation, Authorisation and Restriction of Chemicals (REACH), establishing a European Chemicals Agency, amending Directive 1999/45/EC and repealing Council Regulation (EEC) No 793/93 and Commission Regulation (EC) No 1488/94 as well as Council Directive 76/769/EEC and Commission Directives 91/155/EEC, 93/67/EEC, 93/105/EC and 2000/21/EC
7）ECHA, Adopted opinions and previous consultations on applications for authorization (https://echa.europa.eu/applications-for-authorisation-previous-consultations) ID 0013-01, 0013-02
8）DIRECTIVE 2002/95/EC OF THE EUROPEAN PARLIAMENT AND OF THE COUNCIL of 27 January 2003 on the restriction of the use of certain hazardous substances in electrical and electronic equipment
9）DIRECTIVE 2011/65/EU OF THE EUROPEAN PARLIAMENT AND OF THE COUNCIL of 8 June 2011 on the restriction of the use of certain hazardous substances in electrical and electronic equipment (recast)
10）DIRECTIVE 2002/96/EC OF THE EUROPEAN PARLIAMENT AND OF THE COUNCIL of 27 January 2003 on waste electrical and electronic equipment (WEEE)
11）DIRECTIVE 2012/19/EU OF THE EUROPEAN PARLIAMENT AND OF THE COUNCIL of 4 July 2012 on waste electrical and electronic equipment (WEEE) (recast)

5.6　米国における化学物質規制

米国は連邦国家であり、連邦議会及び各州議会は独自の立法権を有している。このため、米国には「連邦法（Federal law）」に加え、各州が独自に定める「州法（State law）」が存在する。

日本とは異なり、米国における化学物質規制を考える上では、連邦法に加え、州法も理解しておく必要がある。化学物質規制の観点から重要な連邦法としてはToxic Substances Control Act及びFederal Hazard Safety Actが挙げられる。

5.6.1　Toxic Substances Control Act（TSCA）

（1）TSCAの概要

Toxic Substances Control Act（TSCA）は、米国における化学物質規制の根幹をなす連邦法であり、我が国の「化学物質の審査及び製造等の規制に関する法律（化学物質審査規制法）」に相当するものである。

TSCAは有害な化学物質による人の健康又は環境への影響の不当なリスクを防止することを目的とし、1976年に制定され、1977年に発効している。化学物質審査規制法と同様に、新規化学物質の事前届出制度を導入するとともに、既存化学物質についても、必要な規制がなされている。2016年に大幅な改正がなされ[1)]、当局である米国環境保護庁の権限が強化されている。

（2）TSCAにおける難燃剤規制

2016年のTSCA改正を受け、米国環境保護庁は10物質（群）について、健康と環境に関するリスク評価を開始した。この10物質（群）のうちの１物質が臭素系難燃剤であるCyclic Aliphatic Bromide Clusterである。これにはHexabromocyclododecane（HBCD）が含まれている。Cyclic Aliphatic Bromide Clusterの最終的なリスク評価文書は2020年９月に公表されている[2)]。

このリスク評価文書によると、HBCDの製造や成形品等への組み込み、リサイクル、建築資材としての使用、廃棄処分等において「環境への不合理なリスク（Unreasonable risk of injury to the Environment）」があるとされている。また、HBCDの建築資材等への使用及び廃棄処分において、作業者及び「職業上の非使用者」に対する「健康への不合理なリスク（Unreasonable risk of injury to health）」が想定されている。一般の人々に対する「健康への不合理なリスク（Unreasonable risk of injury to health）」は想定されていない。

これらのリスク評価結果を受け、今後、リスク管理のための規則の策定が進められていく予定である。

また2019年、米国環境保護庁はリスク評価を行う新たな20個の高優先化学物質を公表した[3)]。この20物質中には、以下に示す3種の難燃剤が含まれている。これらの化学物質については、現在、米国環境保護庁によりリスク評価が進められているところである。

- 4,4'-(1-Methylethylidene) bis [2,6-dibromophenol] (TBBPA)
- Tris (2-chloroethyl) phosphate (TCEP)
- Phosphoric acid, triphenyl ester (TPP)

TBBPA[4)]とTPP[5)]については、2021年1月19日、米国環境保護庁より、それぞれの物質の製造事業者等に対して安全性試験の実施及び情報収集の指示が出されている。

TBBPAについては「水生植物に対する毒性試験」、「底生生物に対する底質長期毒性試験」及び「*In vitro* 皮膚吸収試験」が要求されるとともに、労働者における吸入及び経皮曝露に関する情報収集が指示されている。また、TPPについては、TBBPAにおいて要求される試験・情報に加えて、「ミミズに対する長期毒性試験」の実施指示が出されている。

更に2021年1月、米国環境保護庁は、難分解性・生物蓄積性・毒性を有する5個の物質について、製造、輸入、加工及び流通を制限又は禁止する最終規則を公表した[6]。これら５物質中、以下の２物質が難燃剤となっている[7),8]。

- Decabromodiphenyl ether (DecaBDE)
- Phenol, isopropylated phosphate (3:1) (PIP (3:1))

これらの最終規則は2021年３月８日から発効しているが、PIP (3:1) については2021年３月８日に執行停止措置が出され[9]、2021年８月現在、当局により更なる検討が行われているところである。

５．６．２　Federal Hazardous Substances Act（FHSA）

（１）FHSAの概要

Federal Hazardous Substances Act（FHSA）は、1960年に施行された連邦法であり、所轄当局は米国消費者安全委員会である[10]。FHSAは、危険性のある消費者製品について、消費者に対する警告表示を義務付けている。また、警告表示だけでは不十分と判断される場合、米国消費者安全委員会は原因となる物質を禁止する規則を発行する権限を有している。

（２）FHSAにおける難燃剤規制

2015年、米国消費者安全委員会は、複数の消費者団体等から、有機ハロゲン系難燃剤を子供用玩具等、４分野の消費者製品について禁止する規則制定の検討に着手すべきとの請願を受けた[11]。

2017年９月20日、米国消費者安全委員会はこの請願を認めるとともに、National Academy of Sciences Engineering and Medicine（NASEM）と協力して検討を行うように、スタッフに指示している。また、同年９月28日には、有機ハロゲン系難燃剤使用に関するガイダンス文書「Guidance Document on Hazardous Additive, Non-Polymeric Organohalogen Flame Retardants in Certain Consumer Products」を公表した[12]。

本ガイダンスでは、子供用品や布張り家具を製造する製造者や輸入者、及び小売業者等に対して注意すべき事項が示されているとともに、消費者、特に妊娠中の女性や年少者等に対する注意事項の説明がなされている。このガイダンスには法的な効力はなく、あくまで米国消費者安全委員会が推奨するという位置付けのものである。

2019年、NASEM委員会は報告書「A Class Approach to Hazard Assessment of Organohalogen Flame Retardants」を公表した[13]。この報告書では、有機ハロゲン系難燃剤は一つのクラスとして捉えることはできず、化学構造や生物活性等により14個のクラスに区分して考えるべきことが示されている。この14個のクラスにはPolyhalogenated alicycles、Polyhalogenated aliphatic carboxylate、Polyhalogenated aliphatic chains及びPolyhalogenated benzene alicycles等がある。

2021年7月、米国環境保護庁は、TSCAに基づき、20個の高優先化学物質の製造者及び輸入者に対して、未公開データに関する情報提供を要請した[14]。米国環境保護庁は、この要請時に、現在、難燃剤規制の検討を行っている米国消費者安全委員会と情報共有することを前提に、30個の有機ハロゲン系難燃剤についても、未公開データの情報提供を要請している。

このような背景を受け、2021年8月現在、米国消費者安全委員会により、有機ハロゲン系難燃剤の規制に関する検討が進められているところである。

5.6.3　州法における難燃剤規制

（1）Proposition 65

上述したように、米国には各州独自の州法があり、これは連邦法と同様に重要である。化学物質に関して特に有名な州法として、カリフォルニア州の「1986年の安全飲料水及び有害物質施行法（Safe Drinking Water and Toxic Enforcement Act of 1986）」、いわゆるProposition 65が挙げられる[15]。Proposition 65は化学物質の使用を禁止するものではなく、あくまでリストアップされた化学物質を使用するに際し、その化学物質がリスク認定される濃度で存在する場合には、その製品に適切なラベルを付けることを要求するものである。

Proposition 65 Listには、発がん性や生殖毒性が予想される化学物質がリストアップされており、2021年８月１日現在、約1,000物質が掲載されている[16)]。そしてこのリストは随時、更新されている。Proposition 65 Listには難燃剤も多く掲載されており、例えば以下のような物質がみられる。

- Antimony trioxide
- Tris (1,3-dichloro-2-propyl) phosphate (TDCPP)
- Pentabromodiphenyl ether (PentaBDE) mixture
- Tetrabromobisphenol A (TBBPA)
- Tris (2-chloroethyl) phosphate (TCEP)

（２）カリフォルニア州における難燃剤規制

カリフォルニア州における難燃剤規制はProposition 65だけではなく、難燃剤を直接規制する州法も存在する。

2018年、カリフォルニア州は子供用品、マットレス、布張り家具に、指定された難燃剤を1,000mg/kgを超えて含有することを規制する州法を制定した[17)]。この州法は2020年１月１日に発効している。指定された難燃剤とは以下のものである。

- ハロゲン系難燃剤
- 有機リン系難燃剤
- 有機窒素系難燃剤
- ナノマテリアル系難燃剤
- 安全衛生コードSection 105440で「指定化学物質」として定義されている難燃剤[18)]
- 2019年１月１日現在においてワシントン州行政法典Title 173、

Section 173-334-130のワシントン州環境局「子供に対する高懸念化学物質」のリストに記載されている難燃剤又は難燃剤の相乗剤（Synergists to flame retardants）として特定されている化学物質[19]

（3）ミネソタ州における難燃剤規制

2015年、ミネソタ州は子供用品及び布張り家具に、指定された難燃剤を1,000mg/kgを超えて含有することを規制する州法「Flame-Retardant Chemicals ; Prohibition」を制定した[20]。指定された難燃剤とは以下の４物質である。

- Tris (1,3-dichloro-2-propyl) phosphate (TDCPP)
- Decabromodiphenyl ether
- Hexabromocyclododecane
- Tris (2-chloroethyl) phosphate (TCEP)

2019年、この法律は改正され、対象製品として子供用品及び布張り家具に加え、住宅用テキスタイルとマットレスが追加された[21]。また、対象とする難燃剤も従来の４物質からすべての有機ハロゲン系難燃剤（Any organohalogenated flame retardant chemical）に拡張されている。この改正は段階的に施行され、2022年７月１日より完全施行となる予定である。

米国ではカリフォルニア州やミネソタ州以外でも、州法により難燃剤を規制している州は多い。このように、連邦法と州法の両方で化学物質を規制していることが米国の特徴である。

【参考文献】

１）Frank R. Lautenberg Chemical Safety for The 21st Century Act, Public Law 114-182-June 22, 2016.

https://www.congress.gov/114/plaws/publ182/PLAW-114publ182.pdf
2）Risk Evaluation for Cyclic Aliphatic Bromide Cluster (HBCD), United States Environmental Protection Agency, 2020.
https://www.epa.gov/sites/production/files/2020-09/documents/1._risk_evaluation_for_cyclic_aliphatic_bromide_cluster_hbcd_cas-rn25637-99-4_casrn_3194-5_casrn_3194-57-8.pdf
3）米国環境保護庁のHP：
https://www.epa.gov/newsreleases/epa-finalizes-list-next-20-chemicals-undergo-risk-evaluation-under-tsca
4）Order Under Section 4(a)(2) of the Toxic Substances Control Act, 2021.
https://www.epa.gov/sites/production/files/2021-01/documents/tsca_section_4a2_order_for_tbbpa_on_ecotoxicity_and_occupational_exposure.pdf
5）Order Under Section 4(a)(2) of the Toxic Substances Control Act, 2021.
https://www.epa.gov/sites/production/files/2021-01/documents/tsca_section_4a2_order_for_tpp_on_ecotoxicity_and_occupational_exposure.pdf
6）米国環境保護庁のHP：
https://www.epa.gov/assessing-and-managing-chemicals-under-tsca/persistent-bioaccumulative-and-toxic-pbt-chemicals-under
7）DecaBDEの最終規則：
https://www.federalregister.gov/documents/2021/01/06/2020-28686/decabromodiphenyl-ether-decabde-regulation-of-persistent-bioaccumulative-and-toxic-chemicals-under
8）PIP (3:1)の最終規則：
https://www.federalregister.gov/documents/2021/01/06/2020-28692/phenol-isopropylated-phosphate-31-pip-31-regulation-of-persistent-bioaccumulative-and-toxic
9）No Action Assurance Regarding Prohibition of Processing and Distribution of Phenol Isopropylated Phosphate (3:1), PIP (3:1) for Use in Articles,

and PIP (3:1)-containing Articles under 40 CFR 751.407(a)(1), US Environmental Protection Agency, 2021.
https://www.epa.gov/sites/production/files/2021-03/documents/oeca_naa_tsca_pip_3-1_rule_3_8_21.pdf
10）Federal Hazardous Substances Act.
https://www.cpsc.gov/s3fs-public/fhsa.pdf
11）Federal Register / Vol. 80, No. 160 / Wednesday, August 19, 2015 / Proposed Rules.
https://www.govinfo.gov/content/pkg/FR-2015-08-19/pdf/2015-20454.pdf
12）Federal Register / Vol. 82, No. 187 / Thursday, September 28, 2017 / Notices.
https://www.federalregister.gov/documents/2017/09/28/2017-20733/guidance-document-on-hazardous-additive-non-polymeric-organohalogen-flame-retardants-in-certain
13）A Class Approach to Hazard Assessment of Organohalogen Flame Retardants, NASEM, 2019.
https://www.nap.edu/catalog/25412/a-class-approach-to-hazard-assessment-of-organohalogen-flame-retardants
14）Federal Register / Vol. 86, No. 122 / Tuesday, June 29, 2021 / Rules and Regulations.
https://www.govinfo.gov/content/pkg/FR-2021-06-29/pdf/2021-13212.pdf
15）Safe Drinking Water and Toxic Enforcement Act of 1986.
https://leginfo.legislature.ca.gov/faces/codes_displayText.xhtml?lawCode=HSC&division=20.&title=&part=&chapter=6.6.&article
16）Proposition 65 List.
https://oehha.ca.gov/media/downloads/proposition-65//p65chemicalslistsinglelisttable2021p.pdf
17）AB-2998 Consumer products : flame retardant materials.

https://leginfo.legislature.ca.gov/faces/billNavClient.xhtml?bill_id=201720180AB2998
18）California Legislative Information, Section 105440.
https://leginfo.legislature.ca.gov/faces/codes_displayText.xhtml?lawCode=HSC&division=103.&title=&part=5.&chapter=8.&article=1.
19）Washington State Legislature, WAC 173-334-130.
https://apps.leg.wa.gov/WAC/default.aspx?cite=173-334-130
20）State of Minnesota, 325F.071 Flame-Retardant Chemicals ; Prohibition.
https://www.revisor.mn.gov/statutes/cite/325F.071
21）State of Minnesota, House of Representatives, H.F. no. 359. 2020.
http://wdoc.house.leg.state.mn.us/leg/LS91/HF0359.2.pdf

第6章

リスクトレードオフ

各種電気電子製品に使用されるプラスチック、ゴム等の材料を燃えにくく、あるいは発火や延焼を遅らせるために、それらの材料中に難燃剤が使用されている。すなわち、難燃剤が使用されることで製品の火災リスクの低減が期待されている。

一方、難燃剤の化学物質がもたらすヒトや環境へのリスク（以下、化学物質リスク）が懸念され、臭素系難燃剤の一部が欧州のRoHS指令で対象物質に指定されたり、数物質が残留性有機汚染物質として世界的に使用規制されたりする等の対策が実施されている。そのため、より生物蓄積性の小さい物質への代替が進んでいる現状がある。

そのため、二つの種類のリスクトレードオフ（一方のリスクが低減すれば、他方のリスクが大きくなる意味）の可能性がある。一つは、リスクが懸念されている難燃剤の化学物質リスクが低減する一方で、代替された別の難燃剤の化学物質リスクが増加する可能性があり、その間でリスクトレードオフが起こっているかどうかである。

もう一つは、難燃剤を使用することで火災リスクが低減するが、化学物質リスクが増加するという異なるリスク種類の間のトレードオフが起こっているかどうかである。

そこで、本章では、まずリスクとリスクトレードオフの概念を説明する。次に、臭素系難燃剤からリン系難燃剤への代替によるリスクトレードオフを実際に解析した例を示す。更に、火災リスク低減を難燃剤による防火安全上の便益とし、化学物質リスク上昇を難燃剤によるリスクとして、リスク便益の解析例を紹介する。そして、それらのリスクに関する社会受容性調査の解析結果を示す。最後に、それらをまとめて、課題を抽出する。

6.1　リスクとリスクトレードオフの概念

本節では、リスクトレードオフ評価の枠組みを検討する。まず、火災を含む事故や災害のリスクは、**図6－1**に示すように、重大性の大きさ

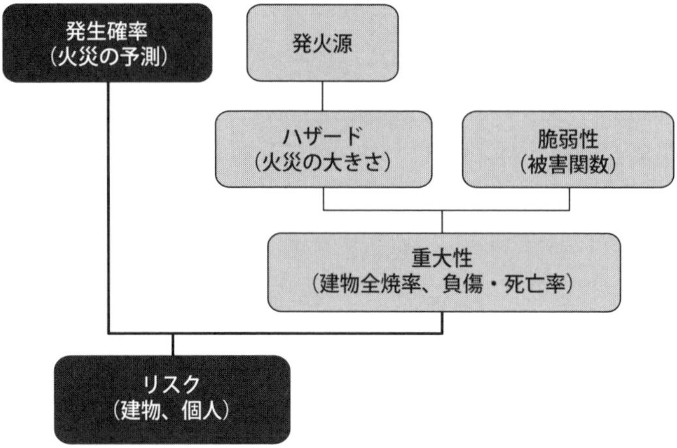

【図6－1】災害リスクの評価フレーム

と発生確率の積で計算でき、重大性の大きさは災害事象のハザードと脆弱性の積で計算できる[1)]。ここで、ハザードについては、製品の難燃性能でその大きさを見る必要がある。脆弱性については、過去の被害事例から、ハザードの大きさと重大性の大きさの関係を被害関数として推定する必要がある。また、発生確率については、既存の火災事故事例等から推定したり、難燃剤のあり／なしで火災事故数の変化を基に推定したりする必要がある。

一方、化学物質リスクは、慢性影響について発生確率を1と仮定するため、**図6－2**に示すように、有害性と暴露の積で計算できる[2)]。有害性については、ヒトの疫学データや動物への毒性試験から無毒性量を推定する。暴露については、製造・加工段階や製品使用段階からの物質の排出量推定、室内や食品経由のヒト摂取量推定や環境経由の二次捕食動物の摂取量推定を行う。また、発生源から一定の速度で物質が排出されると仮定するので、発生確率を考慮せずに定常状態として扱うのが通常である。

また、リスクを比較する際には様々な指標が使用される。その例として、死亡件数、損失余命、質調整生存年数（QALY：Quality Adjusted

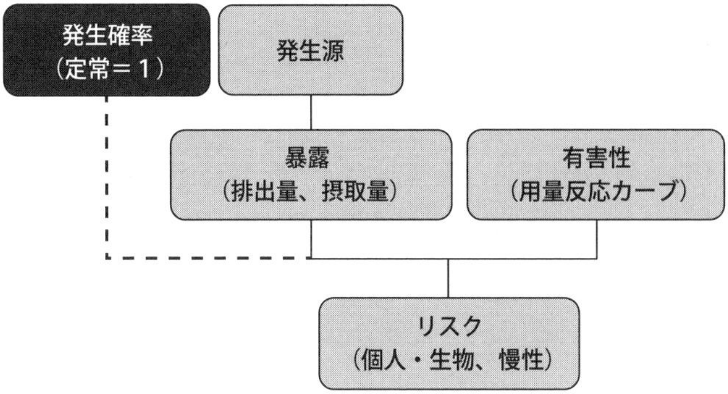

【図6－2】化学物質リスクの評価フレーム

Life Years）、支払意思額（WTP：Willingness To Pay）等がある。

6.2　臭素系難燃剤からリン系難燃剤への代替によるリスクトレードオフ解析

6.2.1　背　　景

日本企業では、欧州RoHS指令の対象物質であるポリ臭化ビフェニル（PBB）、ポリ臭化ビフェニルエーテル（PBDE）から、それ以外の物質への代替を進めてきた。よって、有害性や暴露情報の少ない化学物質への代替が進んでいるが、それらの代替物質のリスクが増加している懸念がある。しかし、代替物質の暴露や有害性情報が少なく、リスク評価が困難なこと、被代替物質と代替物質の有害性のエンドポイントが異なり、リスク比較ができない問題がある。

そこで、国立研究開発法人産業技術総合研究所（以下、産総研）では、リスクトレードオフ解析のための手法開発を行ってきた。そして、プラスチック添加剤として電気電子製品等に使用される難燃剤を対象に、ヒト健康リスクのトレードオフ評価を行った。

6.2.2　シナリオ設定

難燃剤が使用される主要な製品として、テレビ、パソコン等の家電、OA機器等の電気電子製品の筐体をリスクトレードオフ解析の対象として取り上げた。そして、臭素系難燃剤からリン系難燃剤への物質代替を扱うこととし、デカブロモジフェニルエーテル（decaBDE）と縮合リン酸エステル系のビスフェノールA-ビス（ジフェニルホスフェート）（BDP）を対象物質とした。decaBDEは繊維用途での使用量も大きいため、バックグラウンドとして繊維用途も扱った。

ヒト健康リスク評価の長期的な視点にたって、1980年～2020年の40年間の排出量平均値を用いたリスクを評価した。物質の需要量変化に応じて、①decaBDE代替あり（ベースライン）シナリオ、②BDP代替あり（ベースライン）シナリオ、③decaBDE代替なしシナリオの3種類のシナリオを設定した。

シナリオ①では、過去から現在のdecaBDE需要量データをそのまま用いたシナリオを想定した。シナリオ②では、過去から現在までのBDP需要量をそのまま用いたシナリオを想定した。そして、シナリオ③では、樹脂用途についてBDPへの代替が起こらず、現在から将来の需要量がすべてdecaBDEであると仮定したシナリオを想定した。

リスクトレードオフ評価の際には、①と②の両物質の代替ありのベースラインシナリオと③のdecaBDE代替なしシナリオとを比較して、代替によるリスクの増減を判断することとした。以上の三つのシナリオでリスクトレードオフ評価を実施した。

6.2.3　マテリアルフロー解析と環境中への排出量推定

decaBDEとBDPの国内需要量に基づいたマテリアルフロー解析を実施して、テレビ、パソコンの筐体に使用される樹脂や繊維等に含有する難燃剤の生産から廃棄までのマテリアルフローを推定した。また、難燃剤は生産から廃棄までの長いライフサイクルを有するため、ライフサイクルの各段階における排出係数を設定して、代替シナリオごとに難燃剤の環境中への排出量の1980年～2020年の経年変化を推定した。

（1）マテリアルフロー解析

国内需要量として、decaBDEは化学工業日報社、BDPは日本難燃剤協会より提供されたデータを採用した。2005年までは実績であり、2006年以降は、2005年の状況が継続すると仮定し、2020年までの需要量を推定した。各難燃剤は、用途を樹脂と繊維に分けて需要量推移を設定した。樹脂と繊維の割合は、decaBDEで6：4 [3)]、BDPは樹脂以外の用途はないことから、全量樹脂とした。国内生産量については、decaBDEは東海ら[3)]の設定に従い、BDPは国内需要量の90％が国内で生産され、残りは輸入されると仮定した。

難燃剤は最終製品中で難燃効果を維持するために、最終製品中に含有された状態で流通し、その製品の寿命期間中に一般消費者にストックされ、その後廃棄される。そこで、電気電子製品と繊維製品の寿命をそれぞれ5～15年、5～20年と仮定して、累積ワイブル分布関数を用いて、廃棄量及び市中ストック量を推定した。その結果を**図6－3**に示す。

（2）排出量推定

国内生産、成形加工、最終製品消費及び廃棄（一般廃棄物、産業廃棄物、下水汚泥）のライフサイクルの各段階からの大気と水域への排出量を推定した。decaBDEの排出係数は、基本的に東海ら[3)]のデータを参考に設定した。

BDPについては、大気排出係数が物質の蒸気圧に比例すると仮定し[4)]、水域排出係数が水溶解度に比例すると仮定して、decaBDEの排出係数を基にBDPの排出係数を設定した。そして、各ライフサイクル段階でのマテリアルフローに排出係数を乗じて、1980年から2020年にかけての40年間の平均排出量を**図6－4**のように推定した。

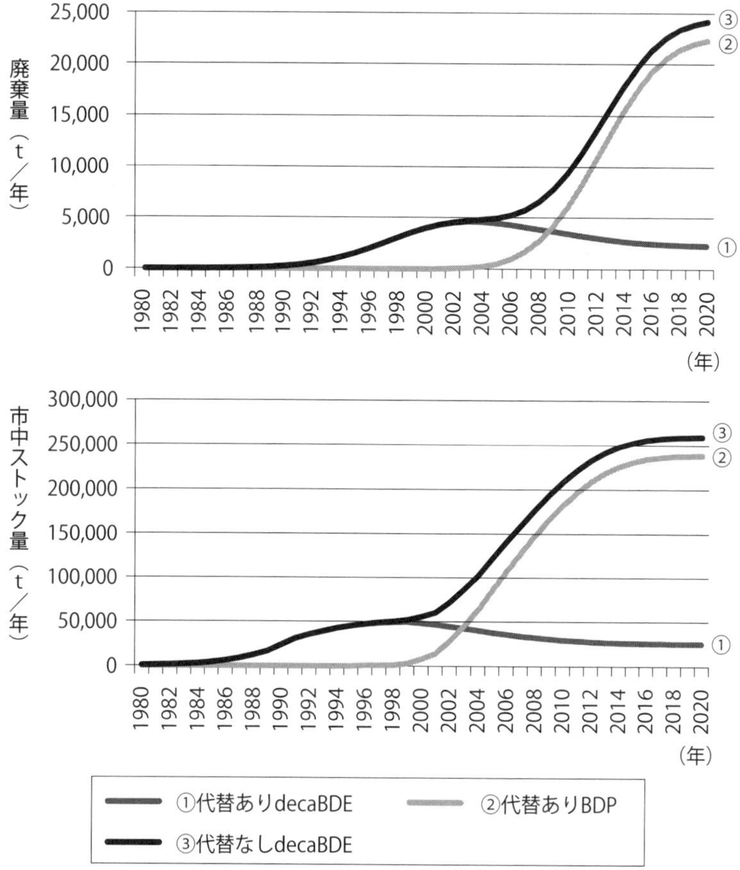

【図６－３】シナリオ別のマテリアルフロー解析結果（上：廃棄量経年変化、下：市中ストック量経年変化）

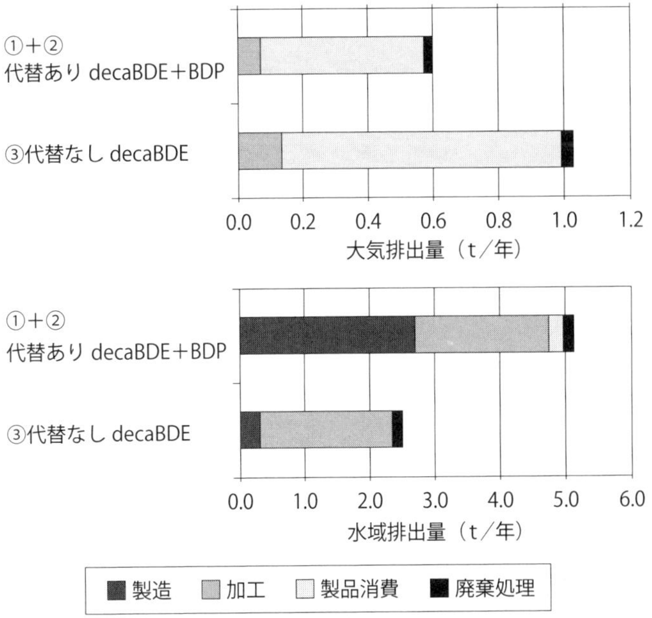

【図6－4】シナリオ別の排出量推定結果
（上：大気排出量、下：水域排出量）

6．2．4　室内暴露解析

産総研で開発した室内暴露評価ツール（iAIR）を用いてdecaBDE、BDP及びBDP夾雑物のトリフェニルホスフェート（TPP）の室内空気中濃度（ガス態濃度）、室内ダスト中濃度を推定した。その結果、室内空気中濃度は極めて低く、難燃剤は室内ダストにほとんど吸着することが明らかとなった。

ベースシナリオのdecaBDEの室内ダスト中濃度の推定結果とこれまで報告されている全国を対象とした測定結果を**図6－5**に示す。モデル計算値は既存の測定結果と概ね一致した。

代替シナリオ別の室内ダスト中濃度を**図6－6**に示す。decaBDEの室内ダスト中濃度平均値は代替ありのシナリオの1,200ng/gから代替な

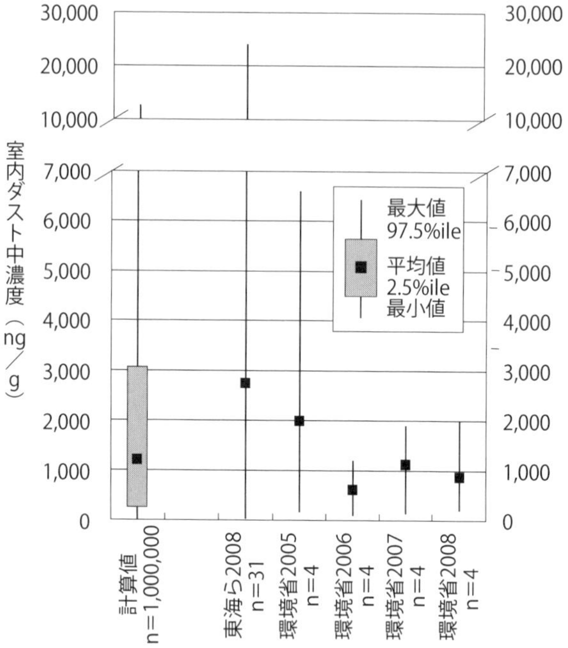

【図６－５】decaBDEの室内ダスト中濃度の実測値[3),6)]と計算値の比較

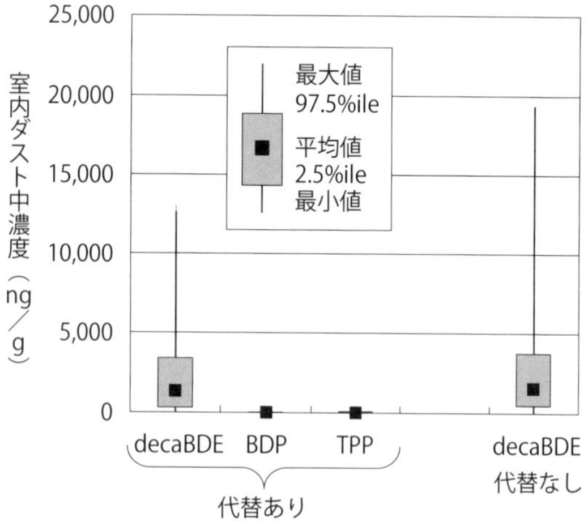

【図６－６】代替シナリオ別の室内ダスト中濃度

しシナリオの1,400ng/gへ上昇する。一方でBDPとTPPの室内ダスト中濃度はdecaBDEと比較すると2オーダー低い値であった。

6．2．5　環境中濃度推定

環境中に排出された難燃剤は様々な環境媒体を経て、ヒトや環境中の生物に到達する。そこで、製造使用量の多い関東地域を対象地域として、推定した排出量に基づいてモデルによりdecaBDEとBDPの大気、河川及び海水中濃度を推定した。

（1）大気中濃度推定

推定排出量データを用いて産総研の大気拡散モデル（AIST-ADMER）[5]で大気中濃度を推定した。排出量データは、各段階及び用途（樹脂・繊維）に応じて工業統計出荷額、夜間人口、所在地情報等を用いて、グリッド単位の排出量分布に加工した。

物質パラメータは、decaBDEについて分解係数5.2×10^{-6}、乾性沈着速度3.0×10^{-3}m/秒、洗浄比2.0×10^{5}（文献値）[3]、BDPでそれぞれ1.18×10^{-5}、2.7×10^{-3}m/秒、1.8×10^{5}（モデル推定値）と設定した。バックグラウンド濃度はそれぞれゼロとした。各シナリオにおける関東地域

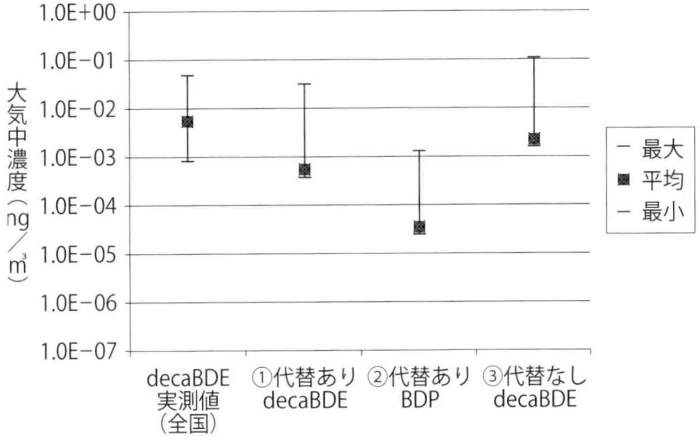

【図6－7】各シナリオにおける関東地域の大気中濃度推定値と実測値[6]の比較

の大気中濃度の推定結果を**図６－７**に示す。代替シナリオdecaBDEにおける0.0008～0.44ng/m^{3}の実測値[6)]との比較では、最大値が同程度で、平均値は推定レベルが１桁低くなったが、比較的濃度が高い地域でモニタリングしていることを考慮すると、推定値は妥当な結果と判断した。

（２）河川水中濃度推定

各シナリオについて、排出量推計結果に基づき、河川モデル（AIST-SHANEL）[7)]を用いて、関東地方の一級水系における１kmメッシュごとの月別河川水中濃度を推定した。モデル入力パラメータを**表６－１**に示す。

【表６－１】decaBDE及びBDPの物性パラメータ

	decaBDE	BDP
蒸気圧（Pa）	4.63×10^{-6}	2.75×10^{-7}
分子量（g/mol）	959.2	693
水溶解度（mg/L）	1.00×10^{-4}	0.111
Koc（L/kg）	5.16×10^{9}	1.15×10^{6}
河川水半減期（日）	693	693
河川底泥固相半減期（日）	693	693
土壌固相半減期（日）	693	693

モデルでは、土壌侵食が考慮されないため、解析では、安全側の評価の観点から、大気沈着のdecaBDEとBDPは、当該メッシュの河川水へ直接入流したと仮定して、河川水中濃度を推定した。

各シナリオにおける東京湾に流入する本川の月平均濃度について、推定結果の最小値、最大値、中央値を**図６－８**に示す。①代替ありシナリオdecaBDEにおける荒川流域での実測値0.0007～0.0087μg/L[8)]との比較では良好な結果となった。

（３）海水中濃度推定

排出量推定結果と、河川から海域に流入するdecaBDE及びBDP負荷量を基に、東京湾における海水中濃度と堆積物中濃度を海域モデル（AIST-RAMTB）[9)]を用いて推定した。モデルで使用したパラメータの設

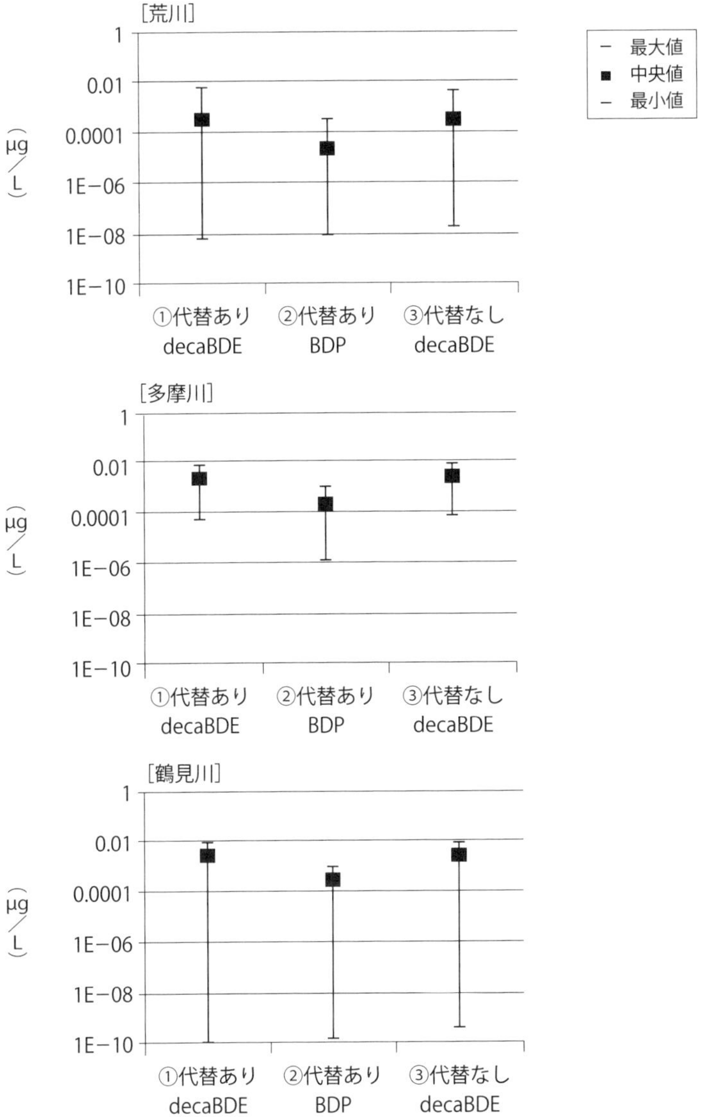

【図6－8】各シナリオにおける東京湾に流入する一級水系本川濃度の推定結果

【表６－２】RAMTBのパラメータ設定

項　　目	設　　定　　値
対象範囲	東京湾全域
水平分解能	１kmメッシュ
初期条件	溶存態及び堆積物中濃度を0とした
湾口境界条件	溶存態及び懸濁物質吸着態を0とした
懸濁物質の沈降速度 （cm/秒）	植物プランクトン；2.0×10^{-4} デトリタス；5.8×10^{-4} 無機態懸濁物質；5.8×10^{-4}
分解速度定数（1/秒）、 温度係数（1/℃）	水中　1.16×10^{-8} 堆積物中　4.11×10^{-9}、温度係数　0.0693
吸着速度定数（1/秒）	植物プランクトン；2.0×10^{-5} デトリタス；2.0×10^{-5} 無機態懸濁物質；0.0
K_{oc}（L/kg）	植物プランクトン；5.16×10^{9}（decaBDE）、 1.15×10^{6}（BDP） デトリタス；5.16×10^{9}（decaBDE）、 1.15×10^{6}（BDP）

定値を**表６－２**に示す。

各シナリオについて、堆積物中濃度の推定結果を**図６－９**に示す。東京湾におけるdecaBDEの堆積物中濃度実測値２～142ng/g[10)]と計算結果（シナリオ１）と比較すると、同じオーダーで妥当な結果であった。

６.２.６　ヒト摂取量推定

decaBDEとBDPの大気中濃度分布と東京湾海水中濃度分布を基に、decaBDEからBDPへの物質代替に伴う食物（農・畜・水産物）経由の摂取量を三つのシナリオで推定した。また、室内ダスト中濃度も考慮して、食物及び室内ダスト経由の総摂取量もシナリオごとに推定した。

農・畜産物経由の摂取量推定には、消費地への流通経路を考慮する環境媒体間移行モデルを用いた。また、有害化学物質生物蓄積モデルで魚類体内中濃度を推定し、東京湾で漁獲される魚介類経由の摂取量を推定した。関東地域の中でも摂取量が大きい京浜地区の住民を対象に結果を示す。

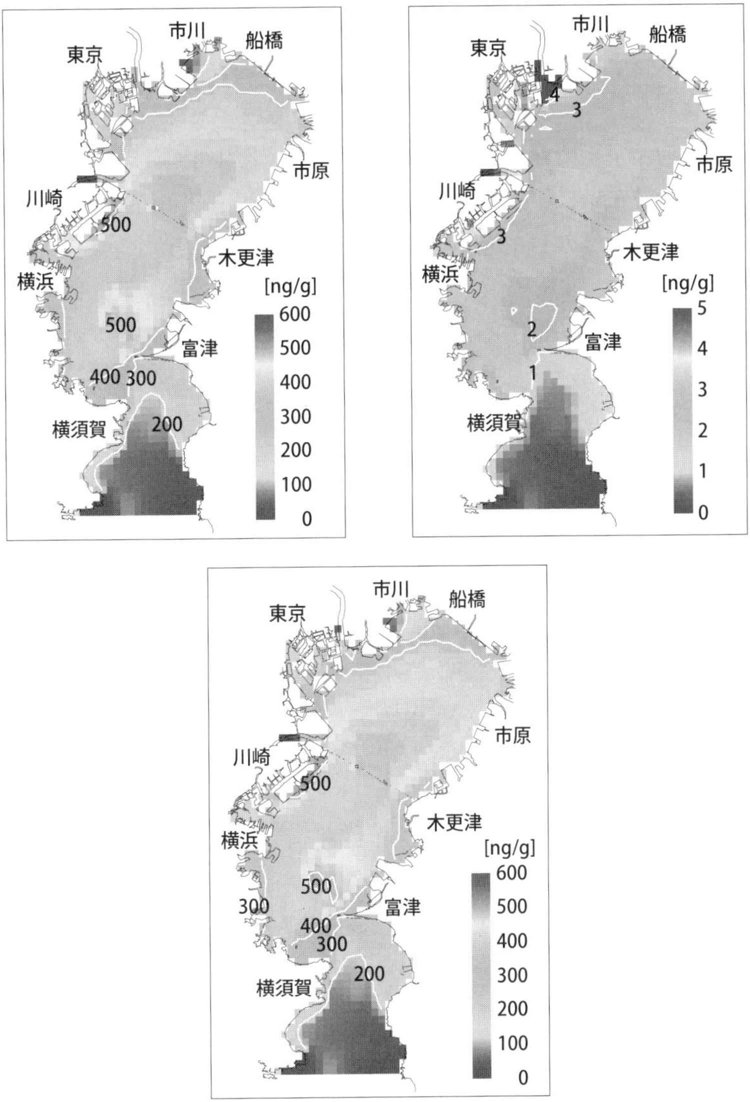

【図６－９】東京湾における堆積物中濃度の年間計算結果
（左上：シナリオ①、右上：シナリオ②、下：シナリオ③）

（1）農・畜産物経由の経口摂取量推定

農・畜産物経由の摂取量推定に際しては、以下の三つの仮定を設定した。すなわち、一つ目に、植物性食品中の濃度の分布は、推定した12種の農作物の平均濃度分布と等しい、二つ目に、国内産の豚肉及び鶏肉中の濃度の分布は、牛肉中の濃度分布と等しい、そして三つ目に、輸入農・畜産物中濃度の分布は、推定した国内産の平均濃度分布と等しいと仮定した。

二次元モンテカルロ・シミュレーションは、Crystal Ball 2000（構造計画研究所）を用いて、ラテンハイパーキューブ・サンプリングで、外部シミュレーション（不確実性）50回、内部シミュレーション（変動性）1,000回とした。実測／推定濃度比の分布で補正後の京浜地区での国内産の農・畜産物経由の平均一日摂取量を**表６－３**に示す。

【表６－３】各シナリオにおける国内産農・畜産物経由の decaBDE摂取量分布　（単位：μg/kg/日）

シナリオ	①代替あり decaBDE	②代替あり BDP	③代替なし decaBDE
ヒト摂取量（平均、男性）	3.76×10^{-5}	2.77×10^{-6}	1.47×10^{-4}
ヒト摂取量（95％ile、男性）	1.22×10^{-4}	8.99×10^{-6}	4.76×10^{-4}
ヒト摂取量（平均、女性）	4.19×10^{-5}	3.08×10^{-6}	1.64×10^{-4}
ヒト摂取量（95％ile、女性）	1.27×10^{-4}	9.36×10^{-6}	4.96×10^{-4}

（2）東京湾の魚介類経由の経口摂取量推定

推定されたdecaBDE及びBDPの海水中と懸濁物質吸着濃度を基に、有害化学物質生物蓄積モデル（CBAM）を用いて、東京湾に生息するマアナゴ中の濃度を推定した（**図６－10**参照）。そして、推定された東京湾のマアナゴ中のdecaBDEとBDP濃度の確率密度関数を基に、東京湾で漁獲される水産物経由の摂取量を推定した。

（3）食物と室内ダスト経由の総摂取量推定

推定された食物（農・畜・水産物）経由の摂取量と室内ダスト中濃度から推定される室内ダスト経由の摂取量から総摂取量を算出した結果を

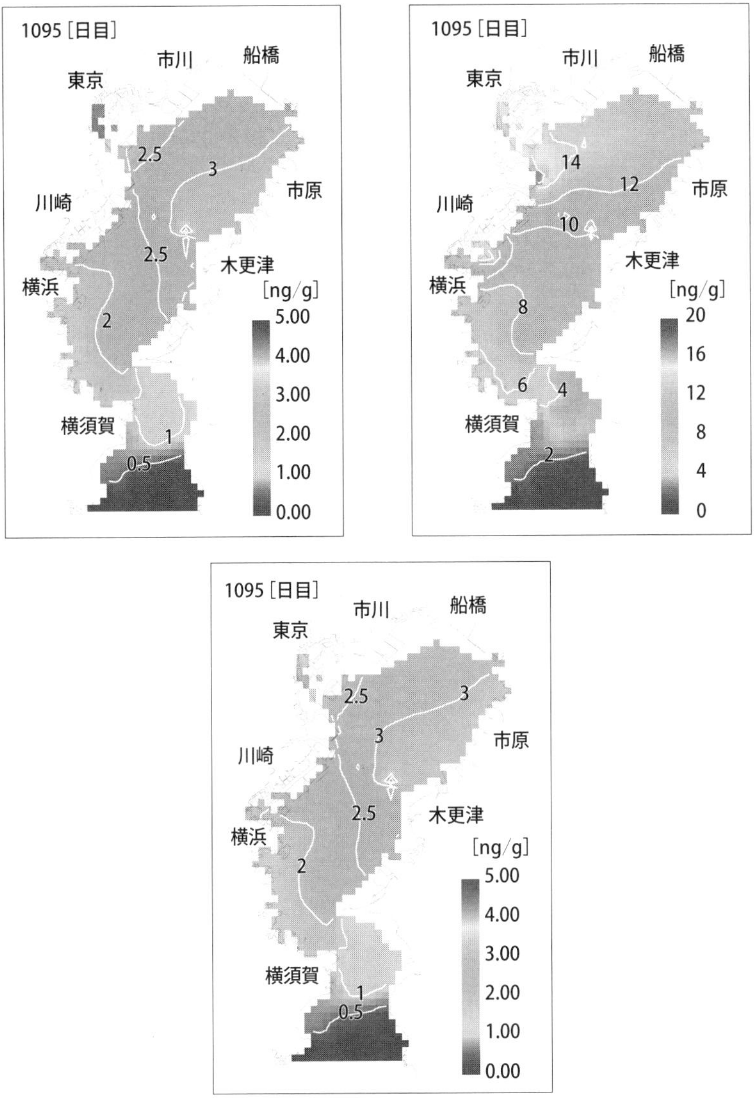

【図6－10】東京湾のマアナゴ中濃度の推定結果（水深8～10m）
（左上：シナリオ①、右上：シナリオ②、下：シナリオ③）

表6－4に示す。また、経路別の摂取割合を**図6－11**に示す。その結果、水産物や畜産物からの摂取量割合が大きいことが明らかになった。

【表6－4】各シナリオにおけるdecaBDE総摂取量分布（単位：μg/kg/日）

シナリオ	①代替あり decaBDE	②代替あり BDP／TPP	③代替なし decaBDE
ヒト摂取量（平均、男性）	2.04×10^{-5}	7.17×10^{-4}／2.17×10^{-7}	3.19×10^{-4}
ヒト摂取量（95%ile、男性）	7.27×10^{-4}	2.59×10^{-3}／2.34×10^{-7}	1.07×10^{-3}
ヒト摂取量（平均、女性）	2.07×10^{-5}	7.19×10^{-4}／2.45×10^{-7}	3.31×10^{-4}
ヒト摂取量（95%ile、女性）	6.91×10^{-4}	2.46×10^{-3}／2.61×10^{-7}	1.07×10^{-3}

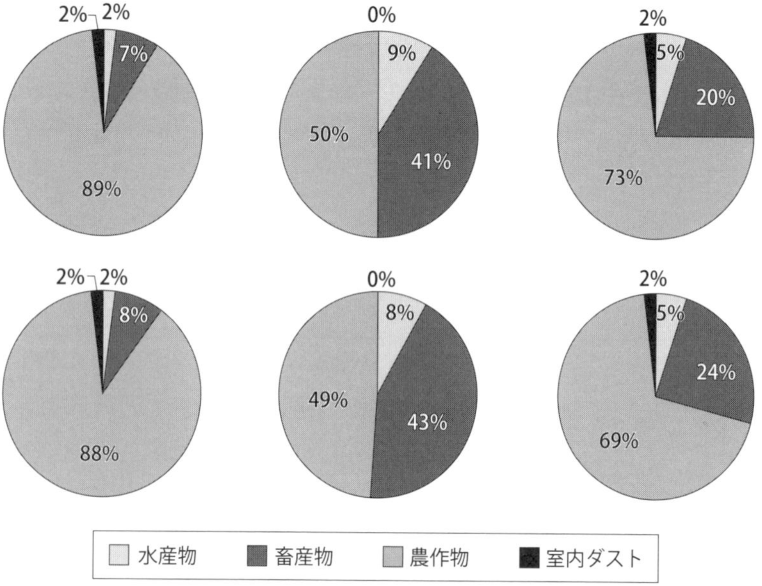

【図6－11】京浜地区住民の食物および室内ダストからの経路別摂取割合
（左：シナリオ①、中央：シナリオ②、右：シナリオ③
上：男性平均、下：女性平均）

6．2．7　ヒト健康影響とリスクトレードオフ評価

推計されたdecaBDEとBDPの摂取量を基に、物質代替シナリオにおけるこれらの物質のリスクを質調整生存年数（QALY）の尺度で推定した。

（1）影響臓器ごとの毒性等価係数の推定

ヒト疫学情報がある塩ビモノマーとカドミウムを肝臓と腎臓への影響の参照物質とし、産総研で開発した推論アルゴリズム[11)]を用いて、参照物質に対するdecaBDE、BDPとTPPの毒性等価係数を算出した。その際、毒性等価係数の算出には、経口投与試験結果を用いた。まずラットとマウスについて、各臓器への影響の無毒性量の文献値がある場合にはそれを真値とし[12)~17)]、ない場合には推論アルゴリズムの推定値を用いて毒性等価係数を算出し、肝臓及び腎臓の参照物質での用量反応関係とから、**図6－12**に示すような用量反応関係（経口暴露）を得た。

（2）物質代替によるリスクの変化

推計された各シナリオでのdecaBDE、BDPとTPPのヒト摂取量（男女の平均値）を、上記の毒性等価係数で重みづけして比較した。毒性等価係数で重みづけした摂取量（μg decaBDE当量/kg/日）のシナリオ間比較を**図6－13**に示す。

相対毒性値を考慮しない重量単純加算では、物質の代替によって、難燃剤の摂取量は増加するが、相対毒性値の考慮によって、肝臓影響、腎臓影響ともに、decaBDE当量としての摂取量（及びリスク）が低減されると考えられた。しかしながら、95％ワーストケースで示されるように、物質代替による摂取量及びリスクの増加の可能性も否定できない。

更に、摂取量との用量反応関係からQALYの減少量を推定した結果を**表6－5**に示す。ただし、QALY損失量は一人当たり生涯での値であり、代替ありシナリオの平均ケースは、相対毒性値として推定の幾何平均値を用いた場合、95％ワーストケースは、相対毒性値として95％推定信頼下限値を用いた場合である。

［肝臓影響］

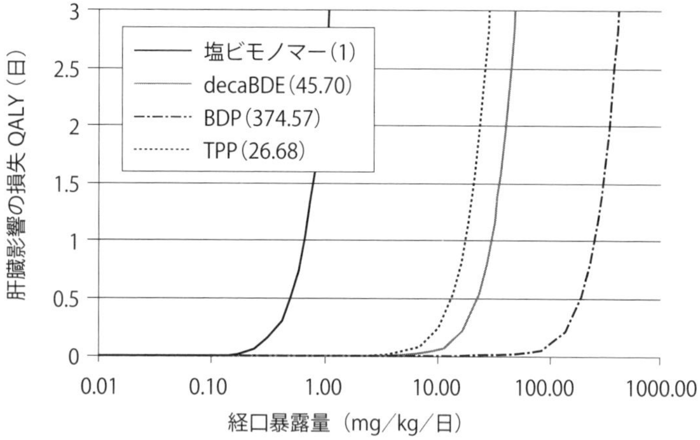

［腎臓影響］

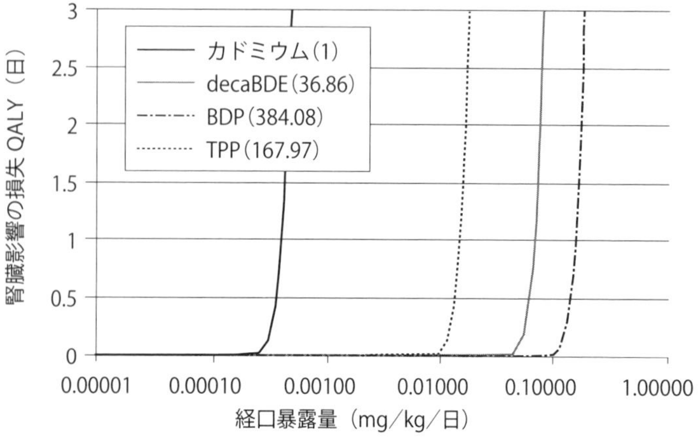

【図6－12】肝臓影響（上）と腎臓影響（下）の用量反応関係
暴露量（μg/kg/日）と損失QALY（日：一人当たり生涯での値）の関係
（図中の物質名の後ろの括弧書きの数字は、各参照物質に対する毒性等価係数）

その結果、物質の代替の有無によらず、QALY損失で表されるリスクの絶対値は極めて小さく、一人当たり生涯での値として0.001日未満であることが示された。リスクの増減自体では、物質代替の是非を根拠づけることはできないと考えられた。

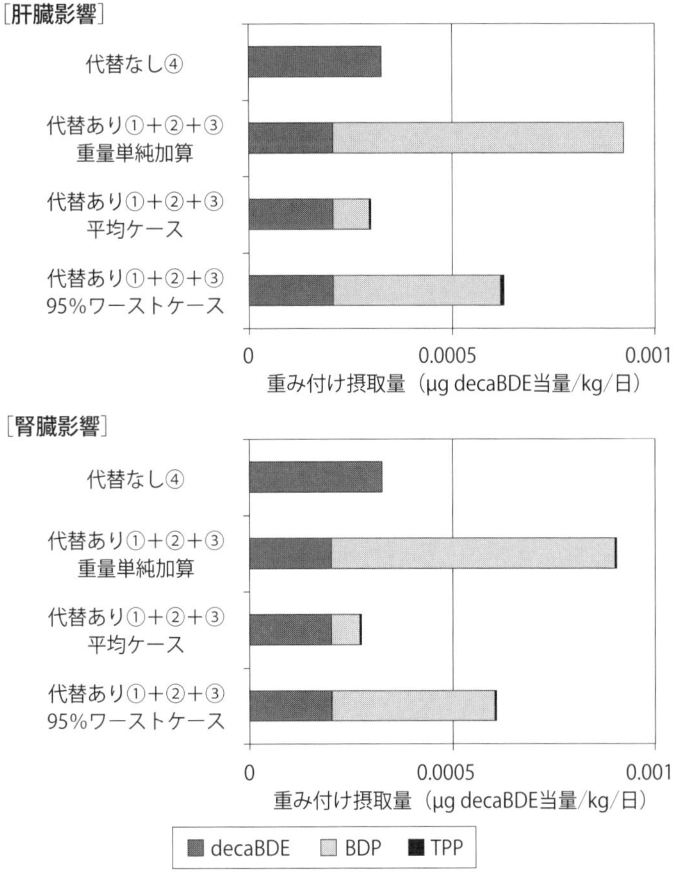

【図6－13】物質代替による重み付け摂取量の増減［肝臓影響（上）、腎臓影響（下）］

【表6－5】代替シナリオによる物質ごとのリスク推定結果：数値は損失QALY（日：一人当たり生涯での値）

	代替あり（現状の代替状況）		代替なし（架空の状況）
	①decaBDE、②BDP、TPP		③decaBDE
	平均ケース	95％ワーストケース	
肝臓影響	<< 0.001	<< 0.001	<< 0.001
腎臓影響	<< 0.001	<< 0.001	<< 0.001
合計	<< 0.001	<< 0.001	<< 0.001

6.2.8　難燃剤リスクトレードオフ経済分析

decaBDEからBDPへの代替費用を推定し、代替の単位効果削減費用を算出し、既報の他の化学物質に関するリスク削減対策の単位リスク削減費用と比較し、難燃剤代替のリスク削減対策の費用対効果を評価した。物質代替の費用効果分析結果の対策間を比較するために、QALY損失を1年延ばすのに必要な費用で比較した結果を**図6－14**に示す。

他の化学物質の対策によるQALY1年獲得費用は、シロアリ駆除剤クロルデンの禁止で4,000万円/年、ごみ処理施設でのダイオキシン類恒久対策で1億5,000万円/年[18)]、自動車塗料の溶剤代替で25億円/年、鉛はんだから鉛フリーはんだへの代替で1,100億円/年等である[19),20)]。これらのデータと比較しても、decaBDEからBDPへの代替のQALY1年獲得費用は非常に大きく、費用対効果としては極めて悪いと判断した。

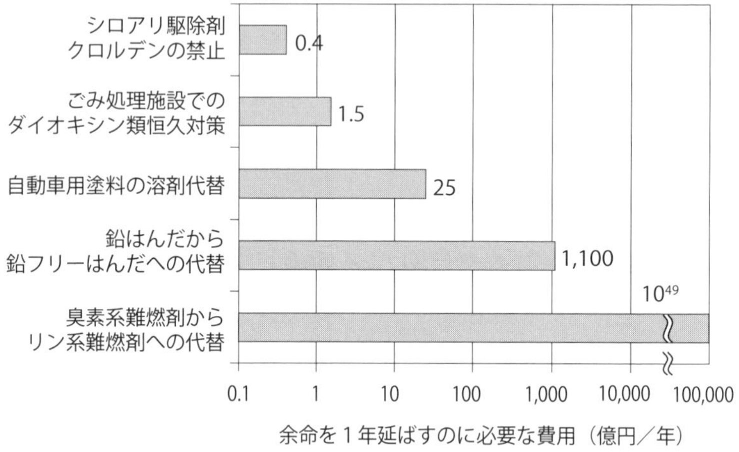

【図6－14】物質代替の費用効果分析結果の対策間比較[18),19),20)]

6.2.9　結　　論

本節では、臭素系難燃剤decaBDEからリン系難燃剤BDPへの物質代替シナリオを3種類選択し、代替前後のヒト健康リスクのトレードオフを解析し、社会経済分析を実施した。

ヒト健康リスクトレードオフ評価では、摂取量の多い京浜地区の住民を対象に評価を実施した結果、相対毒性値の考慮によって、肝臓影響、腎臓影響ともに、decaBDE当量としての摂取量及びリスクが低減されると考えられたが、毒性等価係数の不確実性が大きく、物質代替によるリスク増加の可能性も否定はできない。また、物質の代替の有無によらず、ヒト健康リスクは極めて小さいことが示された。また、社会経済分析の結果、decaBDEからBDPへの代替による費用対効果は極めて悪いことが示された。

本研究は、国立研究開発法人新エネルギー・産業技術総合開発機構（NEDO）及び経済産業省プロジェクト「化学物質の最適管理を目指すリスクトレードオフ解析手法の開発」の一環として実施されたものである。

6.3　火災と化学物質のリスクトレードオフ解析事例

本節では、火災と化学物質のリスクトレードオフ解析事例について紹介する。いずれも、難燃剤の規制前後の火災統計データや疾病データ等を用いてリスク便益解析を実施しているところに特徴がある。

Simonsonら[21]は、スウェーデン、ドイツ、米国のテレビが原因の火災統計データを用いて、1990年代後半の欧州で、テレビメーカーが筐体を非難燃化したことにより増大したテレビ火災数、死者数、負傷者数を推定し、そのデータを用いたコスト便益解析を行った。比較指標にはWTPによる金銭価値化を行っている。その結果を**図6－15**に示す。難燃剤の使用によって、年間1,050～1,490百万ドル相当の火災リスク低減が図られた一方、decaBDEの使用コストが年間110～393百万ドル増加したと評価している。ただし、decaBDEのヒト健康影響を考慮して

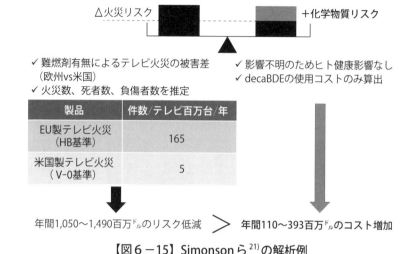

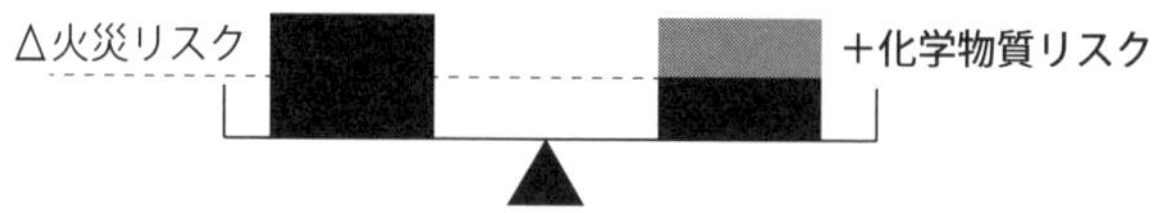

✓難燃剤有無によるテレビ火災の被害差
（欧州vs米国）
✓火災数、死者数、負傷者数を推定

✓影響不明のためヒト健康影響なし
✓decaBDEの使用コストのみ算出

製品	件数/テレビ百万台/年
EU製テレビ火災（HB基準）	165
米国製テレビ火災（V-0基準）	5

年間1,050～1,490百万ドルのリスク低減 ＞ 年間110～393百万ドルのコスト増加

【図6－15】Simonsonら[21]の解析例

いない。

井上ら[22]は、欧州事例[23]を基に難燃剤有無によるテレビ火災の被害差を推定し、欧州において年間540～630億円の火災リスク低減が図られたと記述している（**図6－16**参照）。また、decaBDEのワーストケースシナリオのヒト健康影響[24]として、より毒性の強い低臭素化物のpentaBDE、octaBDEやポリ塩化ビフェニルの毒性データを援用して、年間30～120億円の化学物質リスクの増加と算出している。

Ni[25]は、リン酸エステル難燃剤を対象に、その最適添加量を求めるためのリスク便益解析を実施している。まず、英国における家具用建材の難燃規制前後差（規制前死者数5,127人／火災10万件、規制後4,102人／火災10万件）のデータを基に、通常の添加量10%の場合での日本国内での試算で、年間14,000百万ドルの火災リスク低減と算出した（**図6－17**参照）。また、すべてのリン酸エステルが、リン酸トリス（2-クロロエチル）と同じ発がん性を持つと仮定し、壁紙への添加量10%の場合での試算で、室内での吸入経由の暴露により年間5,300百万ドルの化学物質リスク増加と算出している。

これらの結果から、いずれも事例でも火災リスク低減が化学物質リス

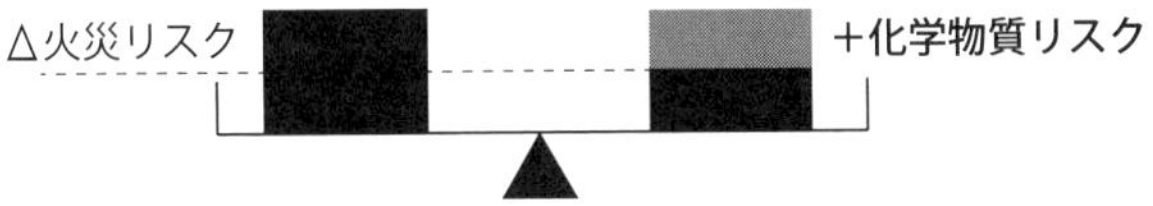

✓難燃剤有無によるテレビ火災の被害差（欧州事例、Clarke, 1997など）

✓decaBDEのワーストケースに近いヒト健康影響（Washington State, 2006）
✓pentaBDE、octaBDE、PCBの毒性データを援用

	件数/テレビ100万台/年
死　亡	0.415
負　傷	5.18
住宅全焼	11
住宅部分燃焼	107

	人数/ワシントン州/年
がんによる疾患	5
がんによる死亡	4
甲状腺機能低下に伴う治療	2,400
無症候性甲状腺機能低下症	30
IQへの影響	210

↓ 統計的生命価値（VSL）

↓ decaBDE使用コスト含む

年間540～630億円のリスク低減 ＞ **年間30～120億円のリスク増加**

【図6－16】井上ら[22]の解析例

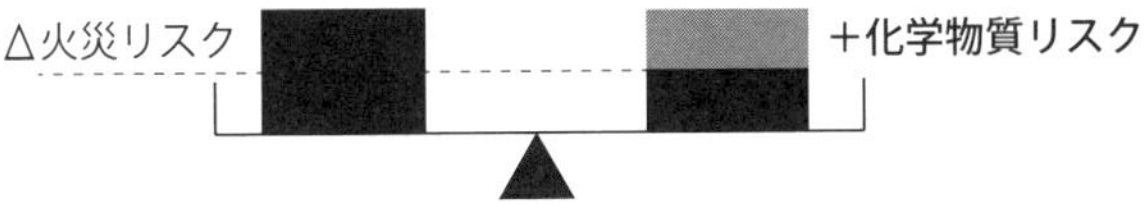

✓英国：家具用建材の難燃規制前後差（規制前死者数5,127人/火災10万件、規制後4,102人/火災10万件）
✓添加量10%の場合で試算

✓すべてのリン酸エステルが、TCEPと同じ発がん性を持つと仮定
✓壁紙への添加量10%の場合で試算、室内での吸入経由の暴露

	人数/日本国内/年
死者低減数	2,727
負傷者低減数	10,361

	人数/日本国内/年
がん患者数	1,100
うち死亡者数	484

↓ WTPで費用換算

↓ WTPで費用換算

年間14,000百万ドルのリスク低減 ＞ **年間5,300百万ドルのリスク増加**

【図6－17】Ni[25]の解析例

ク増加よりも大きくなり、難燃剤使用によるメリットが確認できた。

6.4　家庭用電気製品のリスクに関する社会受容性調査

前節までの客観的なリスク定量化を行う自然科学アプローチに対して、人文・社会科学へ拡張するためには、個人差や価値を研究対象に取り込み、社会的な解決を目指す必要がある。そこで本節では、家電製品などのプラスチック部材に使用される難燃剤を対象に、事故のリスクと化学物質リスクに関する製品選択のアンケート調査を行った。

その際に、**図６－18**に示すような難燃剤を使用したときの「健康」「環境」の長期間のリスクと、難燃剤を使用しない場合の「安全」「経済」の短期間のリスクに着目して、定常的リスクと突発的リスクの受容性とその傾向を把握する。そして、化学物質使用による安全面での効果を動画などの資料で提示してリスク受容の変化も把握する。

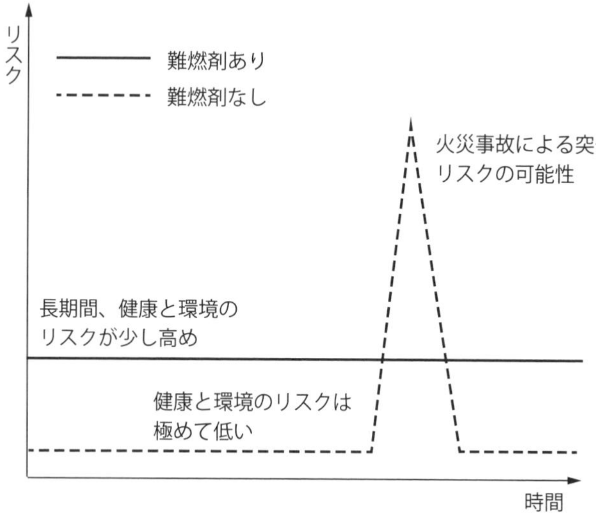

【図６－18】定常的リスク（左）と突発的リスク（右）の違い[26)]

6．4．1　方　　法

（1）AHPの階層構造

主観的評価法（AHP；Analytic Hierarchy Process）は、不確定な状況や多様な評価基準における意思決定法である。AHP法では、まず、意思決定の要素を、最終目的、評価基準、選択肢の関係でとらえて、階層構造を作り上げる。そして、最終目的から見た評価基準の重要さを求め、さらに各評価基準から見た選択肢の重要度を評価し、これらを統合して最終的に最終目的から見た選択肢の評価すなわち重みに換算する[27)]。

本節では、健康、環境、安全、経済の四つの評価基準と、難燃剤を使用するケース、難燃剤を使用しないケースの代替案から構成されるような、**図6－19**に示す階層構造を設定した。

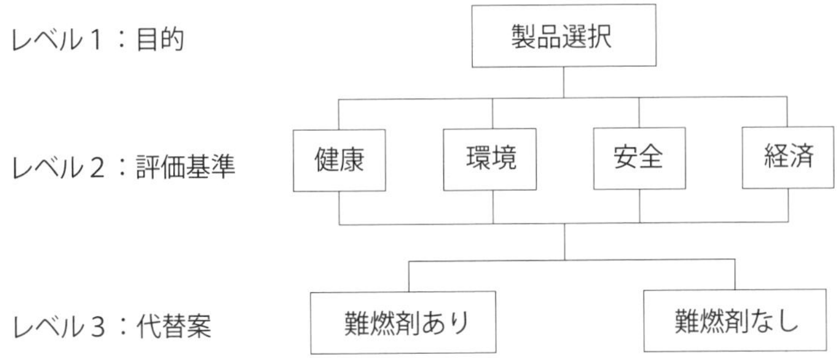

【図6－19】難燃剤に関する製品選択における階層構造

AHPによる具体的な手順は以下のようになる。まず、健康、環境、安全、経済の評価基準のうち、二つずつの組み合わせについて重要度の一対比較を行い、各評価基準jのウェイトw_jを決定する。このとき（1）式が成立する。

$$\sum_{j=1}^{4} w_j = 1. \qquad (1)$$

次に、各評価基準について代替品の比較をし、評価基準ごとに両製品の評価値a_{ij}を求める。ここで、iが難燃剤を使用する製品（$i=0$）と難燃剤を使用しない製品（$i=1$）の区別を表す。このとき（２）式が成立する。

$$a_{0j}+a_{1j}=1 \quad (j=1,\cdots,4). \tag{2}$$

そして、（３）式のように、上記で得られた評価基準ごとの製品の評価値と各評価基準のウェイトの積和により、製品の総合評価値S_iを求める。

$$S_i=\sum_{j=1}^{4} w_j a_{ij} \quad (i=0,1). \tag{3}$$

（2）被 験 者

一般市民を対象に、インターネットアンケートによる調査（2018年３月16日～20日）を実施した。その際に、業界の協力を得て、安全面での効果を動画などの資料で提示し[28)]、学習前後のリスク受容変化を把握するアンケート設計を行った。

被験者の回答数はN＝1420だった。重みづけ回答がすべて同じ被験者101名の回答を除去し、有効回答数はN＝1319となった。回答時間は中央値で15分31秒、動画視聴時間は２分44秒だった。被験者の主な属性を**表６－６**に示す。

（3）質問項目

まず、Q1-3で難燃剤の知識に関する質問を行った後、健康、環境、安全、経済の重みづけ（Q4-9）や製品選択（Q10-13）について質問を行った。動画視聴後に、健康、環境、安全、経済の重みづけ（Q4-9）や製品選択（Q10-13）について同じ質問を行った。その後、リスク嗜好（Q14-15）、個人属性（Q16-20）、電気製品の所有状況（Q21）の質問を行った。

階層構造（**図６－19**参照）に示す評価基準の各要素に対して、消費者が感じる重要度をQ4-9で質問した。その時、評価基準の各要素について、**表６－７**のような説明を示した。要素間の重要度の差を１（同じくらい重要）、３（やや重要）、５（かなり重要）、７（非常に重要）の

【表６－６】被験者の主な属性

属性	割合（%）	人数	属性	割合（%）	人数
［**性別**］			［**居住形態**］		
男性	49.1	647	持ち家（一戸建て）	52.9	698
女性	50.9	672	持ち家	9.5	125
［**年齢分布**］			（マンションなどの集合住宅）		
18－29歳	19.2	253	賃貸住宅（一戸建て）	4.5	59
30－39歳	20.1	265	賃貸住宅	30.5	402
40－49歳	19.7	260	（マンションなどの集合住宅）		
50－59歳	20.8	275	その他	2.7	35
60－99歳	20.2	266	［**子供の有無**］		
［**地域分布**］			１歳未満	2.8	41
北海道	12.5	165	１歳から小学校入学前	11.9	175
東北	12.6	166	小学生	10.8	158
関東	12.8	169	中学生	4.6	68
中部	13.3	176	高校生	6.0	88
近畿	12.5	165	その他	2.9	43
中国	11.8	155	18歳以下の子供はいない	60.9	892
四国	12.1	160	［**最終学歴**］		
九州	12.4	163	中学校	2.7	36
［**世帯収入**］			高等学校	35.3	465
100万円未満	13.2	174	短期大学	8.9	117
200万円未満	29.2	385	大学	33.4	440
300万円未満	29.3	386	大学院	3.0	39
400万円未満	13.5	178	専門学校	12.3	162
500万円未満	7.7	102	高等専門学校	1.7	22
600万円未満	5.1	67	その他	0.2	3
700万円未満	1.4	18	答えたくない	2.7	35
800万円未満	0.7	9	［**文系理系**］		
			文系	60.8	474
			理系	39.2	306

【表6－7】評価基準の説明

評価基準	説　　明
健康	難燃剤が人間の体内に長期間徐々に蓄積されていき、健康リスクが高まる恐れがあります。難燃剤を使用しない場合は、健康リスクはありません。
環境	難燃剤が動植物の体内に長期間徐々に蓄積されていき、悪影響を与えるおそれがあります。
安全	難燃剤を使用しない電気製品は、火災事故が突発的に起こる可能性が高くなり、火傷や死亡につながるおそれがあります。
経済	難燃剤を使用すると、電気製品の価格が少し高くなるので、製品購入時に費用が多めにかかります。

数字で、一対比較する回答方法にした。アンケートで得られた結果をAHPにより解析し、各回答者の評価基準に対する正規化した重みづけベクトルw_jを算出した。

また、2種の製品（難燃剤あり、難燃剤なし）について、各要素に対する重みづけを算出するにあたり、**表6－8**のような説明を示した上で、製品間の重要度の差を1（同じくらい重要）、3（やや重要）、5（かなり重要）、7（非常に重要）の数字で、一対比較する回答方法にした。Q10-13の質問で得られた結果から、各回答者の評価基準に対する各製

【表6－8】製品の説明

評価基準	難燃剤あり	難燃剤なし
健康	人間の健康へ影響を及ぼす可能性があります。	人間の健康への影響はまったくありません。
環境	動植物の体内に蓄積し易い特徴があります。	動植物への影響はまったくありません。
安全	電気製品のプラスチックに難燃剤が含まれることで、製品の発火を防ぐことができます。	難燃剤を使用していないので、電気製品の火災事故を起こす可能性があります。
経済	難燃剤を使用する分、製品価格が少し上がります。	製品価格は上がりませんが、難燃剤を使用していないので、火災保険が重要になります。

品の重みづけマトリクスa_{ij}を算出した。

回答者の各評価基準jに対する重みづけベクトルw_jと、評価基準jに対する各製品iの重みづけマトリクスa_{ij}を統合して算出された、回答者の各製品選択肢iに対する重みづけ順位S_iを、回答者の予測される製品選好とした。以上を、動画視聴前後でそれぞれ解析して比較した。

6．4．2　結　　果

（1）評価基準の重みづけ

被験者による評価基準の重みづけw_jについて、AHPによる解析の結果を**図6－20**に示す。動画視聴前は、安全の重要度が最も高く、次に健康＞経済＞環境の順番となった。動画視聴後は、健康と経済の重要度が下がり、安全の重要度がさらに上がった。被験者の属性による差はそれほど見られなかったが、動画視聴後、男性は経済の重要度が少し下がった。また、年齢30歳未満では、動画視聴前後で有意差がなかったことに特徴があり、PC（パソコン）やスマートフォンなどで動画に慣れている若い世代で、動画による刺激をあまり受けない可能性が示唆さ

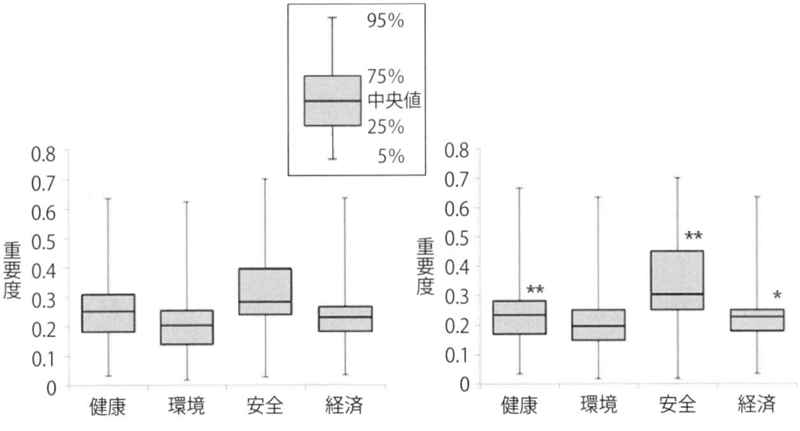

【図6－20】健康・環境・安全・経済の重みづけ
（左：動画視聴前、右：動画視聴後）
両側検定/対立仮説：「動画視聴前」≠「動画視聴後」
*：P<0.05 **：P<0.01

れた。

（2）製品選択

被験者による製品選択の重要度S_iについて、解析した結果を**図6－21**に示す。動画視聴前は、難燃剤あり／なしの製品で同等の重要度であったが、「難燃剤あり」製品をより重視した被験者は安全を重視、「難燃剤なし」製品をより重視した被験者は健康と環境を重視していた。動画視聴後は、難燃剤あり製品の重要度が増加した。

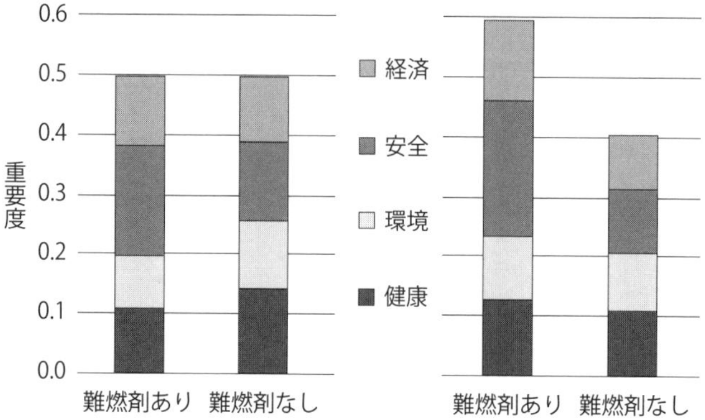

【図6－21】製品選択の重要度（左：動画視聴前、右：動画視聴後）

6.4.3　結　　論

アンケート調査のAHP解析の結果、安全の重視度が高く、健康・環境の重視度は低くなった。定常リスクよりも突発的なリスクを重視している結果となった。また、難燃剤の安全面での効果を示す動画視聴によって、難燃剤あり製品の重視度が上がった。安全の重視度が上がった一方で、健康と経済の重視度が下がった。環境については、個人への直接的な関わりが小さい項目のために重視度が低く、動画視聴による影響もあまりなかった。

6.5　まとめ

（1）既存研究の課題

本章**6.2節**では、decaBDEからBDPへの物質代替を例としたリスクトレードオフ評価を行った。事業者や事業者団体の自主的取り組みとしての物質代替、あるいは法規制としての物質代替の際には、詳細はケースバイケースであるとしても、リスクトレードオフ評価による意思決定が今後必要になっていくと考えられる。事業者や事業者団体は周辺住民、従業員や顧客等に対して、行政は国民に対して、リスク削減の実行可能性と費用対効果の観点から、その物質代替が妥当であることを事前に示すことが望まれる。

また、本章**6.3節**で、火災リスクと化学物質リスクに関する三つのリスク便益解析事例を紹介し、いずれも難燃剤使用によるメリットが確認できた。しかし、以下の課題が挙げられる。

まず、火災リスクについては、製品による火災事故データの信頼性や、難燃基準、難燃剤使用の有／無によるデータ分類の信頼性を上げることである。また、テレビ火災数の推定方法については、家電製品火災中のテレビ火災の比率はどこでも同じと仮定するか、テレビ火災発生率はテレビ所有数に比例すると仮定するかで推定結果も変わるため、条件設定による結果の変動幅等を考慮する必要がある。更に、火災の規模と建物やヒトへの被害の関係を示す脆弱性について、既存データから具体的に被害関数を導出する等の必要性がある。

化学物質リスクについては、環境中での低臭素化物、臭素化ダイオキシン生成が未検討であること、高次捕食動物への蓄積や広域越境移動の汚染等が未検討であること等が挙げられ、それらを検討する必要がある。

更に、リスク評価・比較については、発生確率、ハザード、有害性等の不確実性や分布の扱いや、ヒトへのリスク（火災、健康）と高次捕食動物へのリスクの比較方法等検討の必要がある。

（２）火災と化学物質のリスクトレードオフ研究の提案

今後、積み上げによるリスクトレードオフ解析手法の開発が必要と考えられる。その際に、火災リスクについては、業界・企業が所有するテレビ火災数や被害の既存データ収集と分類を行うとともに、信頼性ある火災事故データに基づき発生確率を求めて、火災リスクを算出することが必要である。

一方、化学物質リスクについては、環境経由の高次捕食動物への蓄積量の推定や低臭素化物・臭素化ダイオキシン生成も考慮した累積リスク評価が社会的に必要となろう。そして、ヒトと二次捕食生物のそれぞれのリスクの比較手法を開発して、リスク比較結果に基づくリスク管理やコミュニケーションを推進する。

以上について、業界・企業と大学・研究機関の共同研究等により、難燃剤の火災と化学物質のリスクトレードオフ研究を進めていくことが望ましいと考える。

（３）結　　論

産総研によって、化学物質間のリスクトレードオフ手法の開発が実施され、課題はあるものの、一定のレベルのヒト健康リスクに関するリスクトレードオフ解析は可能となっている。一方、便益解析の既存３事例からは、難燃剤を使用することで、化学物質リスクをはるかに上回る火災リスクの低減効果が得られることが明らかとなった。

今後、リスクについては安全、健康、環境等もっと多様な側面とともに、経済や社会への影響について、一般の人の心理面も配慮する必要がある。すなわち、社会リスクの視点からの評価が重要性を増している。そのために、本章**６．４節**で、事故のリスクと化学物質リスクに関する製品選択のアンケート調査を行い、一般の人の心理面の定量化を試みた。

課題として、難燃剤の効果を主張する動画とは別に、難燃剤の有害性を主張する動画等も使用して、対立する主張による受容性の違いを検討したい。安全と健康のリスクトレードオフの定量評価の枠組みを検討するとともに、動画などの媒体も考慮したリスクコミュニケーションの方法を検討したい。

【参考文献】

1）多々納裕一（2005）災害リスクマネジメント分野の研究動向，日本リスク研究学会誌，15(2)，pp.19–30.

2）Kolluru, R., Bartell, S., Pitblado, R. and Stricoff, S. (1995) Risk Assessment and Management Handbook : For Environmental, Health, and Safety Professionals, Mcgraw–Hill, pp.1–688.

3）東海明宏・岩田光夫・中西準子（2008）デカブロモジフェニルエーテル詳細リスク評価書シリーズ23，丸善.

4）OECD (2008) Emission scenario document on plastic additives, Series on Emission Scenario Documents No. 3, revised December 2008.

5）東野晴行，北林興二，井上和也，三田和哲，米沢義堯（2003）曝露・リスク評価大気拡散モデル（ADMER）の開発，大気環境学会誌38(2)：100–115.

6）環境省（2005–2008）平成16～19年度ダイオキシン類の蓄積・ばく露状況及び臭素系ダイオキシン類の調査結果について，http://www.env.go.jp/chemi/hokokusho.html

7）石川百合子，東海明宏（2006）河川流域における化学物質リスク評価のための産総研－水系暴露解析モデルの開発，水環境学会誌，29：797–807.

8）株式会社日本海洋生物研究所（2010）荒川流域における難燃剤と金属分析報告書　平成22年2月，産総研委託研究.

9）江里口知己，市川哲也，中田喜三郎，堀口文男（2009）海洋における有害化学物質生物蓄積モデルの研究－プロトタイプモデルの開発－，海洋理工学会誌　Vol. 15，No. 1：15–21.

10）岩本絵美子，奥田哲司，佐藤剛志，高田秀重（2004）東京湾岸表層堆積物におけるPolybromintedDiphenyl Ether（PBDE）の分布と挙動，第13

回環境化学討論会プログラム：264-265.
11）Takeshita, J., Gamo, M., Kanefuji, K. and Tsubaki, H. (2013) A quantitative activity and activity relationship model based on covariance structure analysis, and its use to infer the NOEL values of chemical substances, Journal of Math－for－Industry, Vol. 5 (2013B-9), pp.151-159
12）ENVIRON (1988) Indoor DEHP air concentrations predicted after DEHP volatilizes from vinyl products, Chemical Manufacturers Association, ENVIRON Corporation.
13）IARC (1999). IARC Monographs on the Evaluation of Carcinogenic Risks to Humans, Volume 71 Decabromodiphenyl oxide 1365-1368.
14）NICNAS (The National Industrial Chemicals Notification and Assessment Scheme, Australia) (2000). Phosphoric acid, (1-methylethylidene) di-4, 1-phenylene tetraphenyl ester (Fyrolflex BDP), File No：NA/773, 1 November 2000.
15）NTP (1986). Toxicology and Carcinogenesis Studies of Decabromodiphenyl Oxide (CAS No.1163-19-5) in F344/N Rats and B6C3F1 Mice (Feed Studies). National Toxicology Program Technical Report Series No. 309.
16）OECD/UNEP (2002). Triphenyl Phosphate：SIDS Initial Assessment Report for SIAM 15.
17）USEPA (1995). IRIS Database. Decabromodiphenyl ether.
18）岸本充生・中西準子（2005）トルエン　詳細リスク評価書シリーズ3，丸善.
19）産総研（2012a）リスクトレードオフ評価書，溶媒・溶剤，産業技術総合研究所，https://www.aist-riss.jp/assessment/12151/
20）産総研（2012b）リスクトレードオフ評価書，金属，産業技術総合研究所，https://www.aist-riss.jp/assessment/12151/
21）Simonson, S., Andersson, P. and Berg, M. (2006) Cost benefit analysis model for fire safety, Methodology and TV (decaBDE) case study, SP Swedish National Testing and Research Institute, pp.1-65.
22）井上知也，真名垣聡，益永茂樹（2010）化学物質ベネフィットの定量

～臭素系難燃剤の火災リスクとヒト健康リスク～ケミカルエンジニアリング，55(6)，pp.8-13.

23）Clarke, F. (1997) The life safety benefits of brominated flame retardants in the United States. Final report to the chemical manufacturers association brominated flame retardant industry panel. Benjamin/Clarke Associates.

24）Washington State (2006) Polybrominated diphenyl ether (PBDE) chemical action plan : final plan.

25）Ni（2006）リン酸エステル難燃剤最適添加量に関する研究－二律背反型環境問題へのリスク最小化手法の適用，学位論文，東京大学，pp.1-101.

26）Tsunemi, K., Kawamoto, A., Ono, K. (2019) Consumer Preference between Fire Risk and Chemical Risk for Home Appliances Containing Flame Retardants in Plastic Parts, Safety, 5(3) : 47.

27）平山世志衣，松野泰也，本藤祐樹（2005）消費者の製品選択の意思決定解析への階層分析法の適用，環境科学会誌 18(3)：217-227

28）BSEF Japan, BSEF Television fire safety video, https://www.bsef-japan.com.

第7章

難燃学の今後の発展を支える難燃化技術、難燃剤の研究の方向

7.1　難燃機構の研究による高難燃効率を目指す難燃系の現状

最近の日本における火災事故件数は**図7－1**に示すようにかなり減少してきている。しかしながらなぜかと問われると必ずしも明確ではない。しかし、消防活動の強化、難燃規制の整備その他、関係機関の弛まない努力により効果が上がってきているものと推定される。難燃学の立場から見て特に重要なことは、いかにして効率的な難燃化技術、言い換えると高分子材料の更に効率の高い難燃化機構の解明とそれに対応する

日本における火災の発生状況

項　目	平成17年	平成26年	平成27年	平成28年
出火件数	57,460	43,741	39,111	36,773
建物火災 (内住宅火災)	33,049	23,641	22,197 (12,097)	20,964 (11,317)
林野火災	2,315	1,444	1,106	1,029
車輌火災	6,630	4,467	4,188	4,041
船舶火災	124	86	97	71
航空機火災	6	1	7	3
その他火災	15,436	14,052	11,516	10,665
死者数	2,195	1,678	1,563	1,445
負傷者数	8,850	6,560	6,309	5,859
損害額（百万円）	130,099	85,319	82,520	－

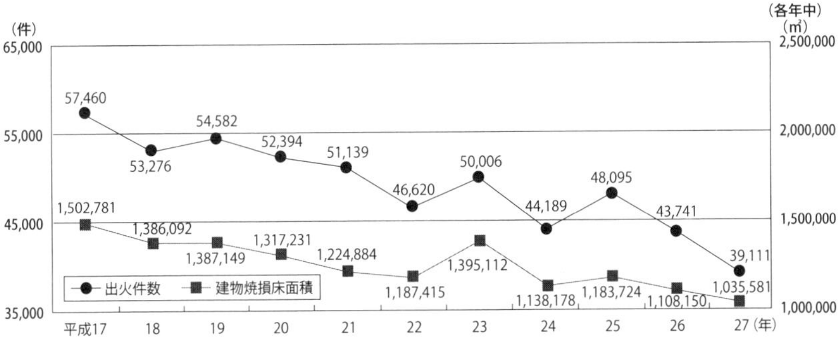

【図7－1】最近10年間の火災事故件数の推移

難燃剤を開発することである。ここでは、既に他の章でも述べられている難燃機構を、筆者なりに今まで培ってきた効果的な難燃化機構の開発の内容を振り返り、現在進行中の今後の難燃剤の開発の方向を述べてみたい。

７．１．１　各種難燃製品に要求される代表的な難燃性規格

難燃規格は、**表７－１**に示すように電気電子機器をはじめ自動車、鉄道車両、建築、船舶、繊維等広範囲の難燃規格によって安全性が担保されている。ここではそれらの規格の骨子と要求される難燃グレードを**表７－１**に示してある。これら要求される難燃性を見るとほとんどが、酸素指数で30～35程度、（発熱量で30～40Kcal/mol）程度の高い発熱量（コーンカロリメーターによる発熱量）特性が要求されている。今後ともこの値は変わらないものと予想される。これらの規格に合格する現状の代表的な難燃性プラスチックスの特性を**表７－２**に示すので参照されたい。

【表７－１】日本の代表的産業分野での難燃性規格

産業分野	代表的規格と主な難燃性規格	難燃性要求値
電気電子器 (家電製品、電線、ケーブル)	電気用品安全法（UL94垂直試験、耐トラッキング性試験、グローワイヤー試験） 情報機器の安全性（IEC60950）	難燃性目標値 UL94、＞V0 OI ＞30～33
建築	建築基準法（不燃、準不燃、難燃材料の区別は燃焼時間20,10,5各分の状態で判定） 発熱量試験　基準各3材料の燃焼試験 基材試験、改良型箱試験、模型箱試験	最大発熱量 ＞200W／m^2 総発熱量 ＞8MJ／m^2
自動車	JISD1201、ISO3795短冊状試料 水平燃焼試験(5試料)、 判定は右の3種類に分類	＊燃焼速度Max ＜100mm ＊標線迄＜60秒
車輛	鉄運第81号（45°アルコールランプ試験） 着火、着炎、発煙、残じん、炭化 国土交通省 鉄道に関する技術上の基準を定める省令(第83条)、発熱量試験 総発熱量(MJ／m^2)、最大発熱量(KW／m^2)	総発熱量 1）＜8 2）8～30
航空機	FAR(米国連邦航空規則)室内材料規格(例) 第2種、第3種自己消炎性材料 垂直、水平、45°、60°試験(自己消炎) 平均燃焼距離(cm)、時間(秒)、発熱量(KW／m^2)、発煙量(4分光学密度)	燃焼距離、6～20cm 燃焼時間＜15秒 発熱量＜65 発煙量＜200

【表７－２】各種電気電子機器、OA機器用難燃材料の特性比較

特性	PE(NH)	PS	ABS	PA	PC	PET
OI UL-V	26～35 V1～V0	27～34 HB～V0	28～35 HB～5VA	29～36 V2～V0	28～36 V2～5VA	28～35 HB～5VA
発煙性CA	80～120	－	－	－	－	－
発生ガス PH	4.1～5.0	－	－	－	－	－
MFR g／分	0.13～5.0	0.3～28	2～70	0.6～20	5～33	18～90
破断強度 MPa	10～15	25～45	40～100	47～180	10～120	88～150
伸び%	500～700	2～60	3～25	2～320	4～120	1.5～3.0
ρ Ω-cm	10^{13}～10^{15}	>10^{13}	－	10^{11}～10^{12}	10^{14}	10^{14}～10^{15}
衝撃強度 KJ／cm^2	－	3～9	8～10	5～85	65～90	78～300
加工温度 バレル℃	200～230	190～260	160～220	240～285	270～300	260～300

〔注〕現在開発されているもの、市販91品の材料の特性を範囲で示して比較した。
MFR：溶融指数

7．1．2　難燃規制と難燃機構の現状[1)、2)]

高分子材料は、炭素、水素、酸素原子を主体とした分子構造からなり、酸素と熱エネルギーの存在する環境下でよく燃焼する。そこに難燃元素(臭素、塩素、リン、窒素、硼素等）を含む難燃剤を共在させると燃焼を抑制することができる。それを説明するために**図７－２**、**図７－３**に示す高分子の燃焼模式図と高分子及び難燃剤の難燃時の熱分解曲線のモデル図及び気相、固相における難燃機構に関連する主要な難燃剤の反応を**表７－３**、**表７－４**に示した。ここで示す難燃機構についてはその中の重要なポイントを説明しておきたい。

1）気相における難燃機構としては、**図７－４**に示すように高分子の燃焼過程で発生する燃焼反応を促進する力の強いOHIラジカル、Hラジカルを安定化する難燃剤（ハロゲン化合物等）を共存させることで達成される。同じ気相での効果で、このハロゲン化合物の効果を更に相乗効果的に向上させる三酸化アンチモンを併用することも

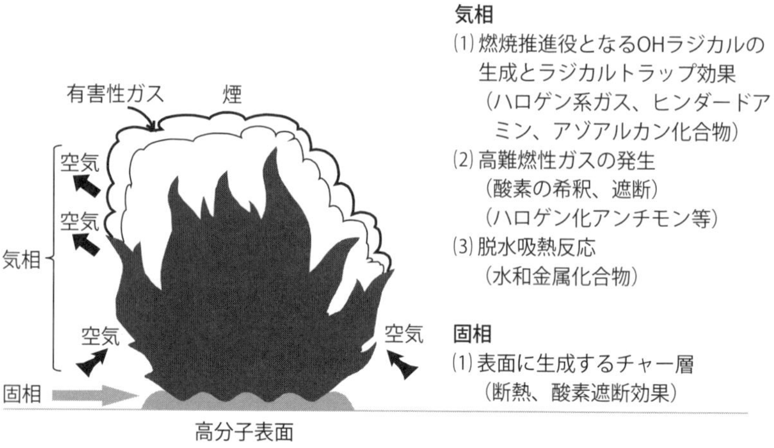

【図７－２】燃焼反応及び難燃機構モデル図

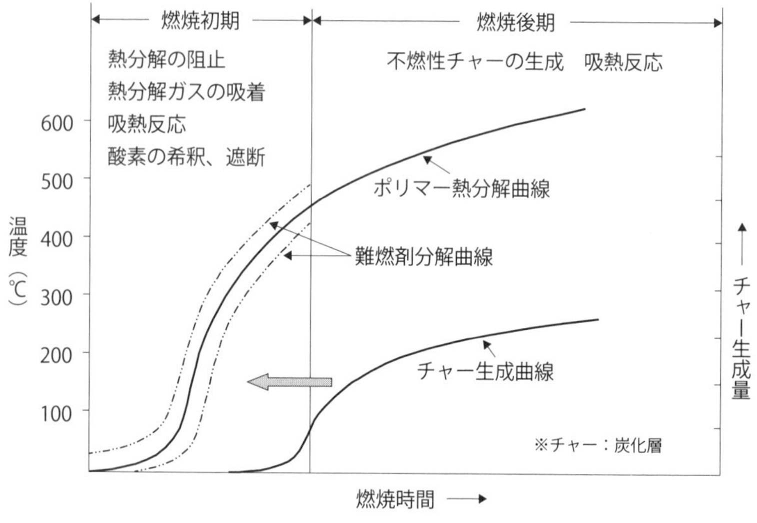

【図７－３】難燃剤の効果的な難燃化機構

行われている。この三酸化アンチモンはよく知られているように危険物管理物質として指定されており、産業衛生学会許容濃度1mg/m^{3}と規定されている。そのためその管理には十分な注意が必要である。しかし、臭素化合物と併用した難燃効果が極めて高いことか

【表7－3】難燃機構の分類と課題、反応形態（1）

種類	難燃機構	反応形態
気相における 極難燃性ガス生成 による酸素遮断、 希釈効果と ラジカルトラップ効果、 吸熱反応	(1)三酸化アンチモン、錫酸亜鉛、 ホウ酸亜鉛、三酸化アンチモン＋PTFE による酸素遮断、希釈効果 (2)リン化合物によるラジカルトラップ効果 (3)窒素化合物(MC-メラミン系)による 分解吸熱反応 (4)水和金属化合物の吸熱反応 (5)ヒンダードアミン、アゾアルカンによる ラジカルトラップ効果 課題 三酸化アンチモンの価格高騰 三酸化アンチモンの環境安全性 一部臭素系難燃剤に対する 環境安全性の懸念	極難燃性ガス Sb_2O_3＋HBr→$SbBr_3$等 窒素化合物→窒素系ガス 吸熱反応 水酸化Mg－1.87KJ／g 水酸化Al－1.17KJ／g MC―昇華熱28Kcal／mol 分解熱470Kcal／mol ラジカルトラップ HBr＋・OH R-N=N-R＋・OH ＞NOR→NOR・＋・OH りん化合物 H_3PO_4→HPO＋PO PO+・OH→HPO

【表7－4】難燃機構の分類と課題、反応形態（2）

固相における 燃焼バリヤー層 (チャー)生成 による酸素遮断、 断熱効果	(1)リン化合物によるチャー生成 (2)IFR系難燃剤による発泡チャー の生成 (3)水和金属化合物によるチャー＋ 金属酸化物複合層形成 (4)ホウ酸塩、シリコーン化合物による セラミック層、ガラス層の生成 (5)PTFE＋PCによる架橋反応 (6)MMTの無機バリヤー層形成 課題 拮抗作用によるバリヤー層崩壊 リン化合物＋無機層(タルク等)	脱水炭化作用 リン化合物→脱水炭化作用 IFR発泡炭化作用 チャー源＋発泡剤 (窒素化合物)＋APPによる 発泡炭化作用 セラミック層の強靭性 シリコーン層は、 破壊され難い強靭な層を 形成する ナノフィラーバリヤー層 分散性及びフィラーと ポリマー間の親和性が バリヤー層の安定性、 難燃性を支配

ら古くから広く世界的に使われている。最近は、安全性の面からその代替物質の研究が進んできており、**表7－5**に示すようにアゾアルカン化合物、ヒンダードアミン化合物（NOR）等が開発されてきている。今後更に代替物質の研究が進んでいくことが期待される。もちろん、その他気相での難燃効果はやや劣るがリン化合物、窒素系のメラミン化合部物の効果、更には発生する水分の脱水吸熱反応を利用した水和金属化合物の効果も忘れてはならない。

2）次に、固相における難燃効果も気相における効果と同様、多くの研究がなされている。その概要を**表7－6**に示す。代表的な難燃剤

高分子材料は、一定の空間内では、酸素、熱の存在下で燃焼しやすく、分子構造、分子量によって燃焼性が異なるが、380～430℃の着火温度で着火して延焼する。高温になるとH_2O、O_2、H_2は分解して活性なOH・、O原子、水素原子が発生して更に燃焼が促進する。
（久保田:燃焼学の本（2012）日刊工業新聞社）

$$O_2 \rightarrow O + O$$
$$H_2 \rightarrow H + H$$

$$H_2O \rightarrow H_2 + O$$
$$H_2O \rightarrow OH + H$$

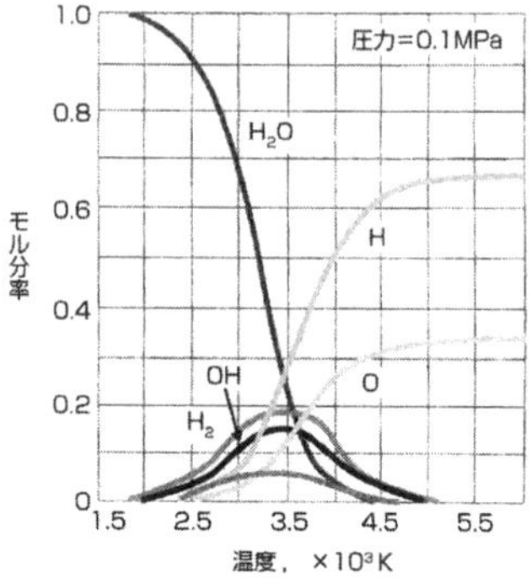

【図７－４】高分子燃焼時の活性基の発生挙動

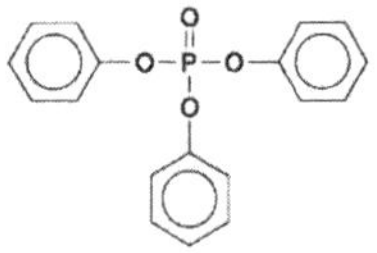

TPP
（分解温度330～410℃）

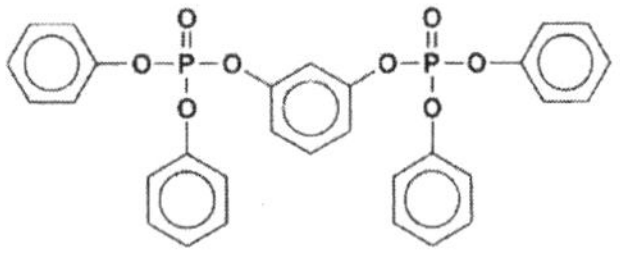

CR-733S
（分解温度300～430℃）

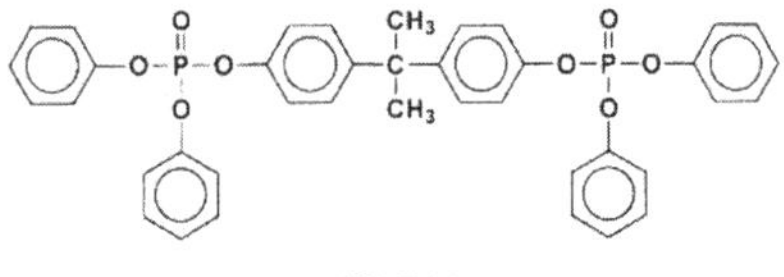

CR-741
（分解温度300～450℃）

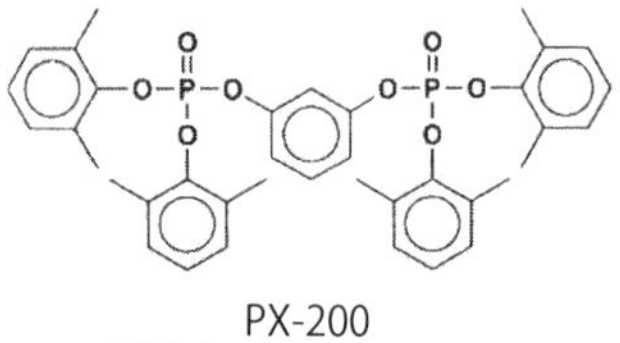

PX-200
（分解温度320～440℃）

【図７－５】代表的なリン酸エステル系難燃剤の構造

は、リン化合物であり、特に耐熱性、耐加水分解性に優れた縮合型リン酸エステル（**図７－５**参照）、難燃効率に優れたIFR系（発泡チャーの生成による難燃効率の高い難燃系、**図７－６**参照）、耐熱エンプラに適したホスフィン酸金属塩系（**表７－７**参照）、最近開発されたリン含有量の高いファイヤーガードFGX210（リン含有量

【表7－5】気相における難燃系の難燃機構の基本と最近の研究

難燃系	難燃機構
ハロゲン（臭素、塩素）化合物	三酸化アンチモンとの相乗効果 HX（X-ハロゲン）ガス（ラジカルトラップ効果） SbOX、SbX_3（ラジカルトラップ、酸素希釈、遮断、脱水吸熱） 錫酸亜鉛との相乗効果 SnO＋・OH → SnOH STOC501に含まれる三酸化アンチモンとの相乗効果 含有酸化硅素との固相におけるバリヤー層の効果との複合効果
リン系化合物	リン化合物のラジカルトラップ効果 H_3PO_4 → HPO＋PO　H・＋PO → HPO H・＋HPO＋H_3PO_4　・OH＋PO → HPO （固相での脱水炭化作用によるチャー生成との複合効果を示す）
ヒンダードアミン化合物	ヒンダードアミン化合物のラジカルトラップ効果 ＞NOR →＞NOR・＋R　＞NOR →＞N・＋・OR 臭素化合物、水和金属化合物との併用効果大
アゾアルカン化合物	アゾアルカン化合物のラジカルトラップ効果 R-N＝N-R → R-N・→・OH、・Hのトラップ効果 臭素化合物、水和金属化合物との併用効果大
メラミン化合物	メラミン化合物の吸熱分解反応、酸素希釈効果 MC（メラミンシアニュレート）が昇華熱、分解熱、酸素希釈効果を示す 200℃以上で昇華して可燃物表面を酸素希釈効果を示すことに加えて、29kcal/molの昇華熱、470kcal/molの分解熱の吸熱効果を示す
水和金属化合物 無機化合物	水酸化Al、水酸化Mgの吸熱反応 $Al(OH)_3$、→ Al_2O_3＋H_2O（205℃、1.17KJ/g吸熱） $Mg(OH)_2$、→ MgO＋H_2O（345℃、1.37KJ/g吸熱） （固相での酸化Al、酸化Mgのチャーとの複合バリヤー層を形成することによる複合効果を示す） ホウ酸亜鉛、錫酸亜鉛の吸熱反応 ホウ酸亜鉛（260℃）　錫酸亜鉛（190～285℃） （水和金属化合物の難燃助剤効果を示す）

15％）、D850（P含有量17％）等が注目されている。リン系難燃剤は、気相での効果も示すが主として固相での難燃機構に基づいた難燃効果を示す。気相においてはラジカルトラップ効果を示し、固相ではチャー生成による断熱、酸素遮断を示す。また、窒素化合物との併用で発泡チャーを形成するIFR系が相乗効果的な難燃効果を示す難燃系として知られている。これはハロゲンと三酸化アンチモンの相乗効果系と比較すると難燃効果がやや劣るが更なる改良も検討されている。その他相乗効果系としては、ホスフィン酸金属塩と錫酸亜鉛塩との併用系も報告されている（**図7－7**参照）。この固相での難燃機構は、先に述べたように生成する燃えにくいチャーの

【表７－６】固相で効果を示す代表的な難燃系の難燃機構

難燃系	難燃機構	内　　容
IFR（Intumescent）主成分 APP（ポリリン酸アンモン）＋発泡剤（窒素化合物）＋チャー発生源（PERなど）	発泡チャーによる断熱効果、酸素遮断効果	効果の高い難燃助剤 シリコーン化合物、ナノ金属酸化物（酸化Al）ナノフィラー（MMT、CNT、シリカなど）による発泡径の細粒化、均一化と発泡膜の強化。
水和金属化合物＋難燃助剤	グラファイト状チャー、無機酸化物など複合チャーによる断熱、酸素遮断効果	効果の高い難燃助剤 ナノフィラー（MMT、CNT、活性シリカなど）、赤燐、シリコーン化合物（活性OH基変性シリコンなど）、芳香族系樹脂、芳香族系エンプラなどによる複合チャー層の緻密化、強靭化。 水和金属化合物の改質 水和金属化合物の細粒化、表面処理、ポリマーアロイによる親和性の向上。
耐熱性リン化合物（縮合リン酸エステル系、ホスフィン酸金属塩）	リン化合物による強酸生成による炭化促進効果	縮合リン酸エステル（耐熱性） BDP、RDP、PX202など熱分解温度が高く、耐抽出性の高い耐熱性でチャー生成効果の高いリン化合物の選択。 ホスフィン酸金属塩 耐熱エンプラ用として効果が高い。
ナノフィラーによるナノコンポジット	固相におけるバリヤー層形成効果	ナノフィラーの種類 MMT、CNT、ナノシリカを５～10部、２軸押出機による層間挿入法によるナノコンポジット化で製造。 難燃性は、分散性の向上、ナノフィラー表面での高分子材料との親和力（結合力）の上昇によって向上。
シリコーン化合物、ホウ酸塩（他難燃系との併用で効果が高い）	固相におけるセラミック層＋チャー複合層の効果	弾性に富んだセラミック層の形成するシリコーン化合物は、単独でも難燃効果を示すが、一般的には他の難燃系との併用で効果が高い。 ホウ酸塩のバリヤー層は、比較的脆いが、シリコーン化合物、芳香族系樹脂及び化合物との併用で効果を発揮する。

【表７－７】ホスフィン酸金属塩の種類と性状
－高耐熱性、高耐熱分解温度－

特性	OP1250	OP1240	OP930	OP935	OP1312
P含有量% 水分　% 粒子径μm	約23 ＜約0.2 －	約25 ＜約0.2 －	約23 <0.5 3～5	約23 <0.5 2～3	P19%、N13% <0.1% －
密度　20℃ かさ比重 熱分解温度（℃）	約1.35 0.4～0.6 >300	約1.35 0.4～0.6 >300	約1.35 0.4～0.5 >300	約1.35 0.1～0.25 ＞300	約1.5 0.4 >300
用途	芳香族PA	PBT、PET PA	PBT、PET PA	PBT、PET PA	PA6、PA66
備考	低比重 電気特性良 耐熱安定性	同左	同左 1230の微粒子タイプ	同左 1230の微粒子タイプ	高難燃性 臭素系とほぼ同等

酸素遮断効果、断熱効果によって燃焼を抑制するが、タルク、炭酸カルシウムのような酸によって溶解、破壊される添加剤が共存する場合は、リン系難燃剤から生成する強酸によって破壊されるので逆

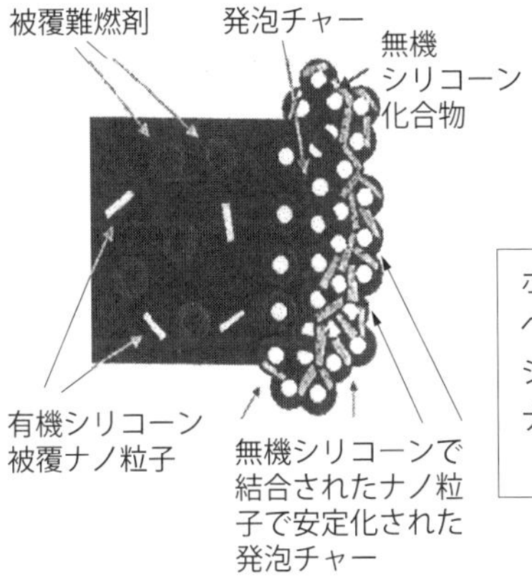

ポリリン酸アンモニウム（APP）	21%
ペンタエリスリトール（PER）	7%
シリコーン	1.5%
ナノフィラー	0.8%
配合ポリプロピレン（PP）	

$$(NH_4PO_3)_n \rightarrow H_3PO_4 + NH_3$$

$$H_3PO_4 + HOCH_2 \rightarrow C(CH_2OH)_2 - CH_2OH \rightarrow \left(C \right)_n$$

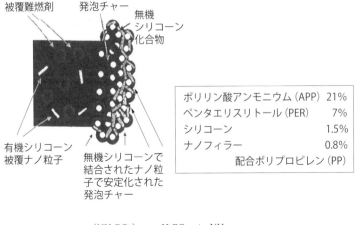

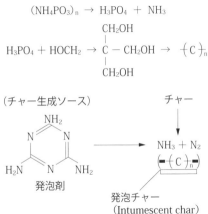

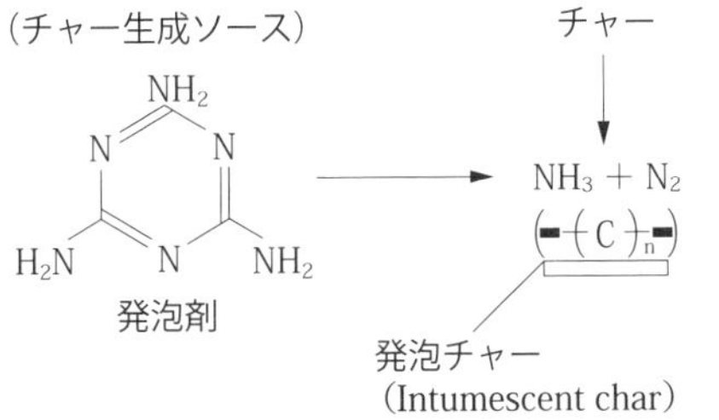

リン系難燃剤のIFR系は、APP＋発泡剤；PERの組成で燃焼時発泡チャーを生成し難燃性が高い。課題は、親水性、電気特性の低下、分解温度がやや低い（260℃前後）である。MMT、シリコーン併用でチャー安定性向上。

【図７－６】高難燃効果を示すIFR系難燃剤の特徴

に難燃性を低下させる拮抗作用となるので注意したい。

3）難燃触媒によるポリマー成分の熱分解温度以下での早期熱分解による難燃化

図７－８にPLA（ポリ乳酸）への難燃触媒SiO_2MgO 10wt％添加により、PLAの熱分解温度以下での早期熱分解による可燃性成分の

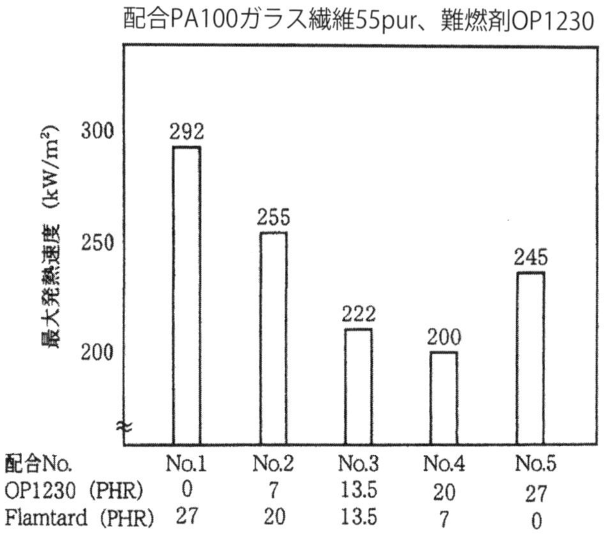

【図７－７】ホスフィン酸金属塩に対する錫酸亜鉛塩の相乗効果

減少による難燃化機構の実験例を示す。ここで示されているように難燃機構としては極めてユニークな発想であるが実用的にはポリマー独自の触媒を見つけることが大変で実用的には問題がある。

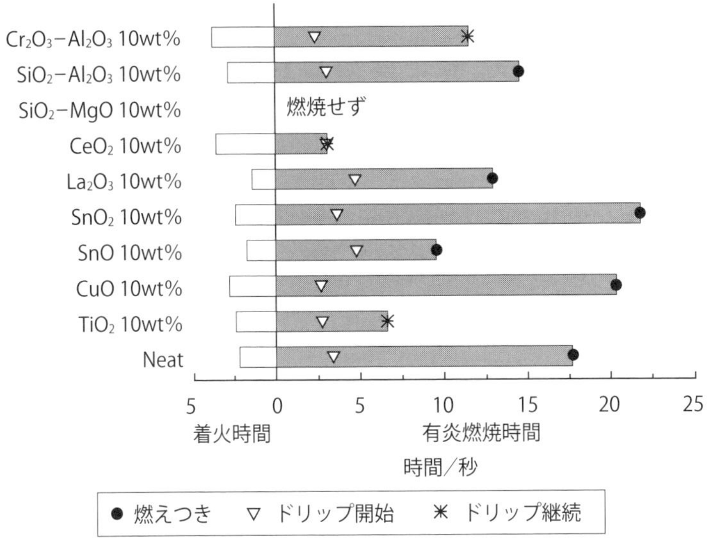

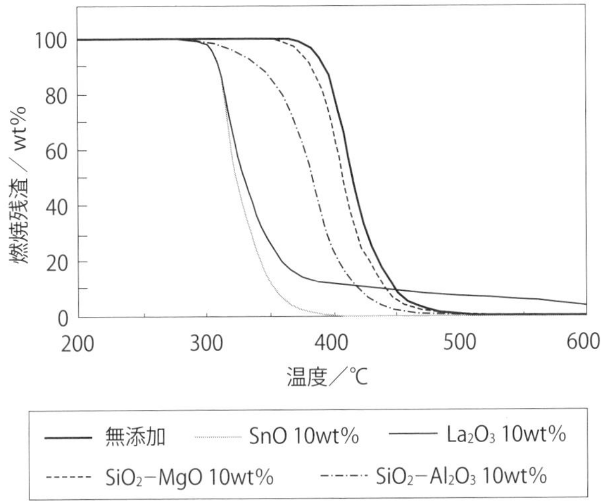

難燃触媒により着火温度以下での熱分解により可燃性成分を分解除去し
難燃性を付与する

資料：山下武彦『難燃剤、難燃化材料の最前線』（2015）シーエムシー出版

【図７－８】難燃触媒配合ベース樹脂の熱分解促進による可燃性成分削減による難燃化機構

７．２　高難燃効率を目指した難燃剤の今後の開発の方向[3)〜8)]

７．２．１　今後の高難燃効果を発揮する難燃剤、難燃系の開発

従来の難燃機構の概要及びその効果のポイントを述べてきたがそこから幾つかのまとまった原理原則を知ることができる。それらの考え方を整理し参考としながら今後の難燃剤の開発の考え方を述べてみたい。

（１）ポリマーと難燃剤の熱分解温度が近いものを選択する

この考え方は、**図７−３**に示すようにポリマーと難燃剤の分解温度が近いほど両者の反応の確率が高く、特に火災防止の鉄則である火災は早期消火が望まれる原則に叶うものとして有効である。このポリマーと難燃剤のマッチングを判断するときには、**表７−８**に示すポリマーと難燃剤の熱分解特性を知ることが重要となる。

（２）難燃剤中の難燃性元素（塩素、臭素、リン、窒素、ほう素、Si、S等）の含有量が高い

これは、合成技術、触媒等の問題が関係するので単純ではないが、難燃効率から見て望まれる基本的な特性である。最近開発されたリン系難燃剤FCX210はリン含有量が15％であり、D850はリン含有量が17％と高いものである。その他すべての難燃剤に対しても共通する必要特性である。

（３）難燃剤の粒子径が細かく（ナノコンポジットを含む）、分散性にも優れている

粒子径が細かいほどポリマー中で高い難燃効果を発揮する。それは難燃剤のポリマー中への分散性が良いことが条件である。その理由は、燃焼時の可燃性ガス、酸素等との反応の確率が上がり難燃効率が高くなるからである。粒子系の細かいMMT（ナノクレイ）、CNT（カーボンナノ

【表７－８】プラスチックスと添加剤のマッチングに関係するマトリクス

名称	分解温度℃	ABS	PS	PO	PC	PC／ABS	PA	PET	発泡PS	エポキシ樹脂	フェノール樹脂	不飽和PET	EPDMゴム	
		210	180	190～210	280	265	320	250～280	130～195	－	－	－	80～130	加工度度℃
		－	～440	～400	～400	－	～400	～350	－	－	－	－	～400	分解温度℃
Deca BDE	300～320	○	○			○	○						○	
TBBA	240～250	◎							◎	◎				
TBBAEO	340～355	◎	◎			◎							○	
TBBACO	440～450				◎			◎				○	○	
TBBA JBPE	290～310		◎	○									○	
EBTBFI	340～440	◎	◎	◎	◎	◎	◎						◎	
BPBPE	310～320		◎	◎			○							
PBBA	310～325						◎	○					○	
臭素化PS	335～345						◎	○					◎	
臭素化BS共重合	－			○	○		○	○	○			○	◎	

〔注〕1）TBBAEO（TBBAエポキシオリゴマー）、TBBACO（TBBAカーボネートオリゴマー）、TBBAJBPE（TBBAビスジブロモプロピルエーテル）、EBTBFI（エチレンビステトラボロモフタルミド）、BPBPE（ビスペンタブロモフェニルエタン）、PBBA（ペンタブロモベンジルアクレレート）

2）○：良、◎：優良

チューブ）等のナノ粒子は、平均粒子径が数10nmで通常の難燃性フィラーの水酸化ALの平均粒子軽0.2μmと比べて極めて小さく、５～10部程度の配合量でもUL94-V0を合格する難燃性が得られている。通常の水酸化AL、水酸化Mgでは150～160部が必要となる。

かつてナノコンポジットの研究が盛んであったがUL94垂直燃焼試験におけるドリップ性が大きく、酸素指数や水平燃焼試験では優れた難燃性を示すがこの垂直燃焼試験に不合格になることが判明してからその研究が下火になってきたような気がする。しかしながら、この垂直燃焼試験に強いリン系難燃剤や臭素系難燃剤を併用することによりその欠点を改良されることから、今後見直されることが期待される。また、天然産ナノフィラーのグラフェン等がこれに加わって今後のナノコンポジットの研究が更に発展することも予想される。

この分散性の改良による難燃効率の向上は、２軸押出機によるコンパウンデング（混練り）においての混練効果によって影響されるので設備の選択、スクリュー構造、フィード方式、混練り条件等を工夫することにより達成することもできる。

（４）固相での難燃効果が更に高い難燃剤、難燃系の開発

難燃機構から見て固相における難燃効果が主体のリン系難燃剤、水和金属化合物、表面活性フィラー（活性シリカ）等に対してのシリコーン化合物、ナノフィラー＋シリコーン化合物、リン含有シリコーンオリゴマー、活性硫黄含有シランカップリング剤等の併用系、これら新規表面処理活性ナノフィラーとIFR系難燃剤との併用系、グラファイトとの併用系等がチャーの安定化効果が大きいことから新しい可能性を開く先鞭となるものと期待している。また、新しい発想として、水和金属化合物に対するIFR系との併用系で相乗効果が期待されるが、更に次のような難燃系も併用効果として検討されるであろう。

PE＋APP＋２アミノ1,6,シクロトリアジン、ABS＋APP＋ポリテレ1,2プロピレンテレフタルイミド、PP＋IFR＋水酸化シリコーン、PP＋IFR＋ピロリン酸鉄、PP＋IFR＋4Aゼオライト、PO＋水和金属化合物

＋アゾアルカン化合物等の相乗効果が期待される難燃系

（5）分子中に複数の難燃元素を含む難燃剤

難燃剤の分子構造から見て高難燃性を示す難燃系として分子内に複数の難燃性元素を含むものがある（**表7－9**参照）。この分子構造の効果が高いものは、臭素とリンの二つの元素を含む分子構造の場合、気相で高い効果を示す臭素と固相で効果の高いリンが燃焼立ち上がりから燃焼の中期、後期にかけて難燃効果が継続するからと考えられている。実際に**表7－10**に示すようにわずか３～５部の添加量でUL94のV0に合格する結果が得られている。最近の研究成果を見ると**図7－9**に示すような新しいタイプも開発されている。

【表7－9】難燃剤の分子構造と難燃効果の比較
－単一難燃元素導入型と多燃焼元素導入型の差－

種類	単一元導入型 （Brのみ）	多元素導入型 （Br、P、N）
分子構造	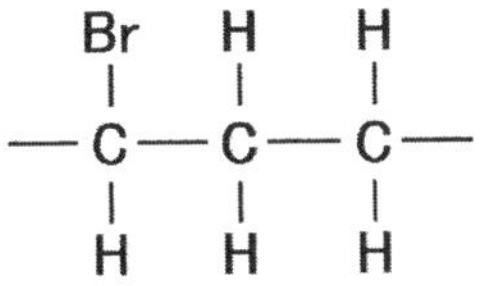	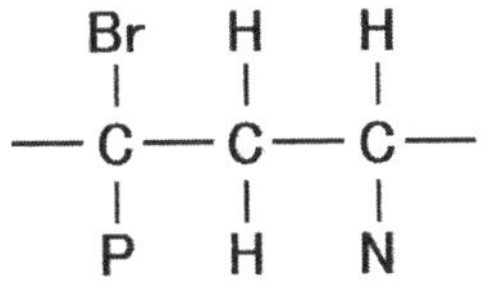
難燃効果の相異	気相における難燃効果が高い 固相での難燃効果は小さい （相乗効果剤併用）	気相（Br、N、P）での難燃効果 固相（P）での難燃効果の両者が高い （相乗効果剤併用）
難燃効果の詳細	Brによる気相での難燃効果 （ラジカルトラップ効果） Br、オキシ臭素化アンチモン （ラジカルトラップ効果 酸素希釈効果、酸素遮断効果） 臭素化アンチモン （酸素希釈、酸素遮断効果）	Br、Nの気相での難燃効果 Pの固相での難燃効果 Br化合物の構造、P化合物の構造によって効果を発揮する温度が変化する

【表７－10】臭素化アリルホスフェートのPEに対する難燃効果

難燃剤	添加量wt%	UL94試験
(4-ブロモフェニル)エチルホスフェート	3	V-1
(2.4-ジブロモフェニル)ジエチルホスフェート	3	V-1
(2.4.6-トリブロモフェニル)ジエチルホスフェート	3	V-1
(ペンタブロモフェニル)ジエチルホスフェート	3	V-0
(4-ブロモフェニル)ジエチルホスフェート	5	V-0
(2.4-ジブロモフェニル)ジエチルホスフェート	5	V-0
(2.4.6-トリブロモフェニル)ジエチルホスフェート	5	V-0
(ペンタブロモフェニル)ジエチルホスフェート	5	V-0

注）V-1は、10秒間2回の接炎後、60秒以内で燃焼停止（ドリップなし）
V-0は、10秒間2回の接炎後、10秒間以内で燃焼停止（ドリップなし）
配合は、助剤として三酸化アンチモンを配合
特徴は、3～5部の少量配合で高い難燃性を示すことである

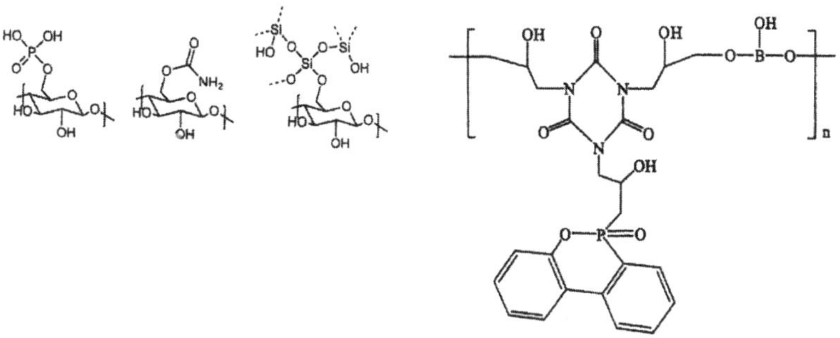

【図７－９】最近研究されている多元素導入型複合型難燃剤

（６）添加型難燃剤より反応型難燃剤の方が難燃効果が高い

表７－11、図７－10には、添加型難燃剤と反応型難燃剤の分子構造の比較と難燃剤が添加されたコンパウンドの中の難燃性元素とポリマー分子の結合状態、分散状態を示したものである。この添加型と反応型の比較を次に示す。

i）添加型の場合は難燃剤粒子がポリー中に最小で約0.2μmの径の塊で分散している

ii）反応型の場合は、難燃原子がポリマーの主鎖に化学的に結合しており、主鏁中の可燃性分子との距離は約10A^{0}前後と添加型に比較して極めて短かく、可燃性分子と非常に近い。この状態は、添加型

【表7－11】添加型と反応型の難燃剤の難燃効率の比較
－難燃元素と可燃性成分との距離から見た反応確率の相異－

種類	添加型難燃剤	反応型難燃剤
分子構造	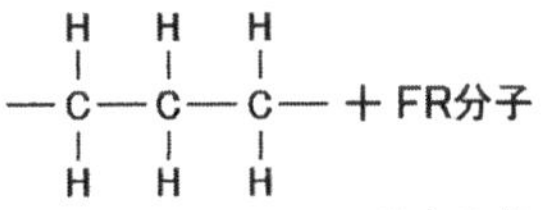 混合分散 FRは難燃性元素	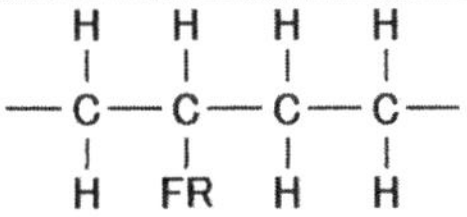 共有結合 FRは難燃性元素
分子混合、結合状態	難燃性元素が高分子中に物理的に分散している状態。数百A^0の距離（物理的な混合）	難燃性元素が高分子に化学的に結合している。A^0 単位の距離(共有結合)
可燃性分子と難燃剤の反応	反応確率は非常に低い。その理由は距離が離れているから。	反応確率は高い。その理由は距離が近い。検証データあり。

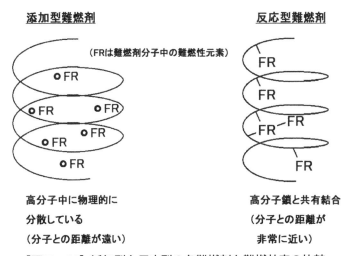

添加型難燃剤＜反応型難燃剤

添加型難燃剤　　**反応型難燃剤**

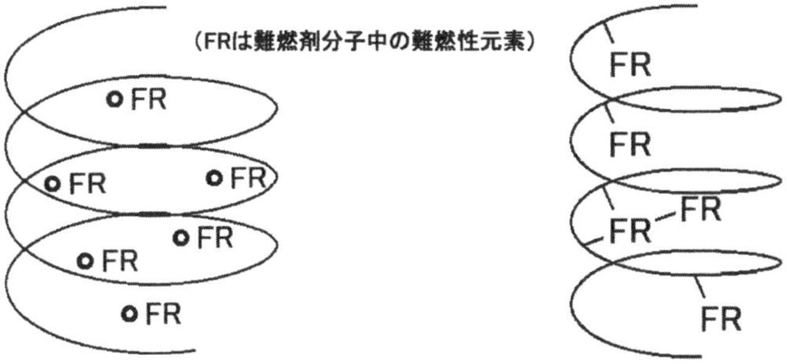

高分子中に物理的に
分散している
（分子との距離が遠い）

高分子鎖と共有結合
（分子との距離が
非常に近い）

【図7－10】添加型と反応型の各難燃剤も難燃効率の比較

の方が難燃性元素と可燃性ポリマー分子との距離が100倍以上離れていると考えられる。これは反応型の方が難燃性元素と可燃性成分との反応確率が高いものと推定できよう。難燃剤が、リン酸エステルのような難燃剤のように液状の場合は難燃剤がポリマー分子中を浸透分散するので添加型でのこの距離がやや小さくなることが予想される。しかしながら所詮は物理的な混合物であるためポリマー分子との距離は格段に離れている。実際にPMMAにリン系難燃剤について添加型と反応型の比較の実験を行った結果を**表７−12**に示す。この実験結果から明らかに添加型に比較して反応型の難燃効果が優れていることが示されている。

実際に現在使用されているものや最近開発研究されているタイプを**図７−11**に示す。

また、反応型は、難燃成形品特有の製品表面への難燃剤のブルー

【表７−12】PMMA及びMMAに対する添加型、反応型難燃剤の効果の比較
チャー生成量、難燃効果ともに反応型＞添加型

試料	酸素指数%	Tig sec	チャー量%	チャー中P%
PMMA	17.2	53	1.4	−
添加型				
PMMA＋DEEP	22.4	63	2.8	検出されず
反応型				
MMA＋DEMMP	23.1	60	6.5	1.0
MMA＋DEAMP	25.8	82	9.2	2.5
添加型				
PMMA＋TEP	22.7	51	2.5	検出されず
反応型				
MMA＋DEMEP	25.0	67	8.2	9.5
MMA＋DEAEP	28.1	88	10.5	11.3

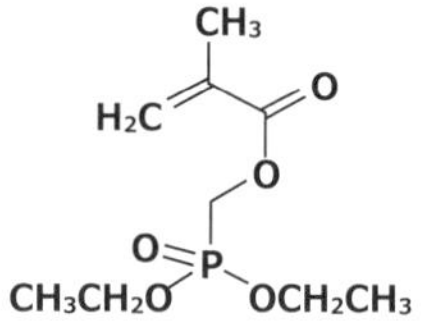

Diethyl (methacryloyloxymethyl) phosphonate
(DEMMP)

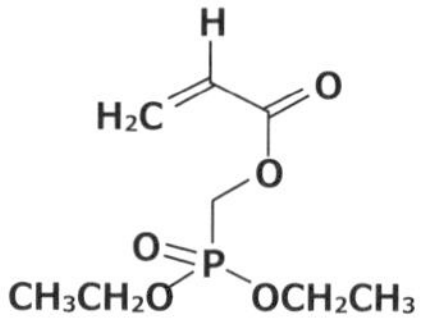

Diethyl (acryloyloxymethyl) phosphonate
(DEAMP)

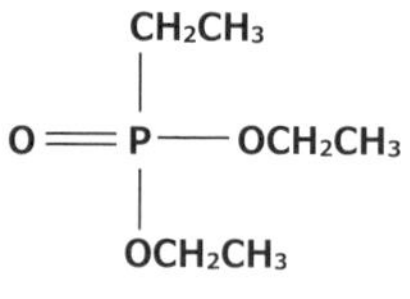

Diethylethylphosphonate
(DEEP)

〔注〕
DEEP：ジエチルエチルホスフェート
DEMMP：ジメチル−メタクリルオキシエチルホスフェート
DEAMP：ジエチル−2−2−（アクリロイルオキシ）エチルホスフェート
TEP：トリエチルホスフェート
DEMEP：ジエチル−2−（メタクリロイルエチル）ホスフェート
DEEAP：ジエチル−2−（ジエチル−2−（ジエチル2メタクリロイルオキシ）エチルホスフェート）
酸素指数：有機物が燃焼を開始する最低限界酸素濃度

（1）現用例

1）HCA　三光

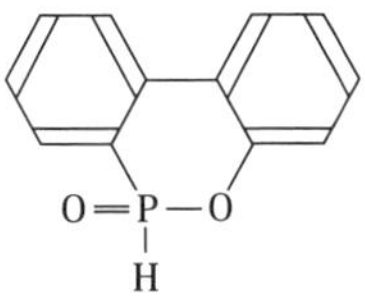

10-Dihydro-9-oxa-10-phosphaphenanthrene-10-oxide

2）ホスフィンオキシド類

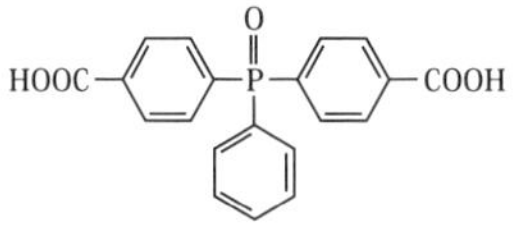

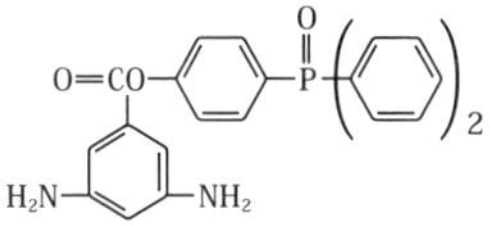

（2）現在研究されている例

1）高圧ガス工業
（ジフェニルビニルリン酸塩）

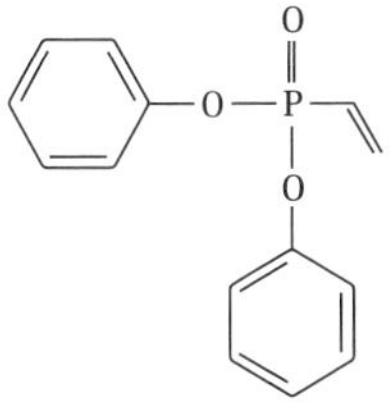

2）片山化学
（ビニルホスフィン酸エステル）

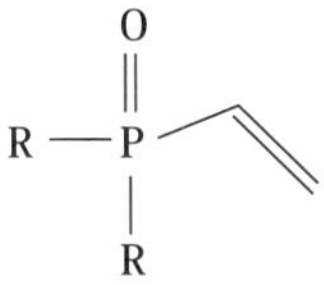

【図7－11】現用リン系反応型難燃剤と最近の研究例

ム、ブリードによる難燃製品の外観汚染、外部での環境汚染、製品特性の劣化等をより少なくする可能性にもつながる。反応型の場合、製造面ではグラフト化は反応によるコストアップの心配があるが、オンライン反応（従来から使用している既存の反応工程）によることでかなりカバーできると考えられよう。

（7）高分子量、耐熱性、耐加水分解性に優れ環境への流出が少ない難燃剤の開発

最近は、難燃性と耐熱性、耐加水分解性、環境安全性のバランスの取れた難燃剤を使用する傾向が進んできている、特に臭素系難燃剤、リン系難燃剤についてその傾向が高く、後も続くことが予想される。ここでは、**表7－13**、**表7－14**にリン系難燃剤、臭素系難燃剤についてその代表例を示す。

【表７－13】アミノビスリン酸化合物と共重合PMMAの難燃性、耐熱性

共重合したりん含有PMMAは、固相、気相の両方で難燃効果を示し、
固相においては、チャー生成量が高く、HRRの低減効果も大きい。
(H,Vahabi et al : Polymer 61 129 (2012))

900℃でのTGA分析

試料	T5%	T10%	T90%	チャー量%
PMMA	270	274	362	0
共重合PMMA	238	274	407	18

分子構造　PMMA

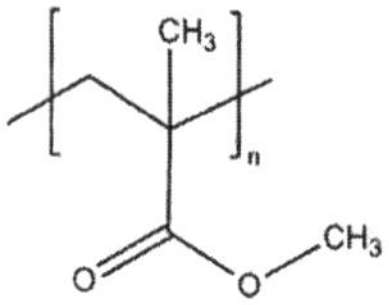

共重合PMMA

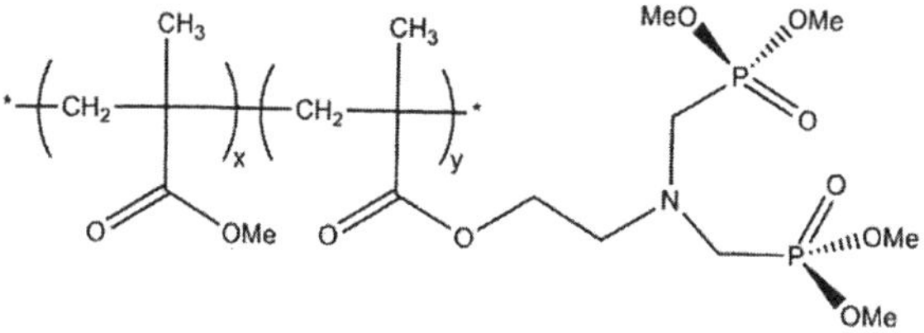

【表７－14】高難燃性が期待される高分子量臭素難燃剤

－高分子量ポリマー構造による安定性、低抽出性－

名称及び略号	構　　造	臭素含量（%）	軟化点（℃）	５℃分解温度（℃）
臭素化ポリスチレン BrPs	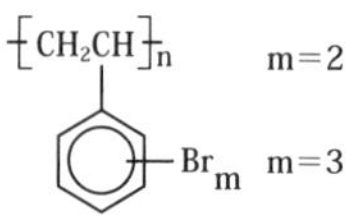	61 70	185～195 225～250	365 353
TBBA ポリカーボネート TBBA-PC	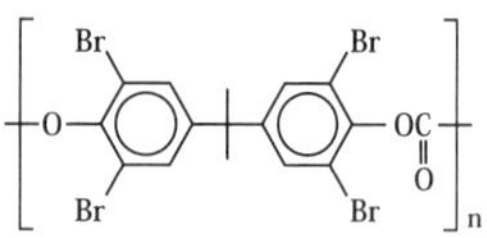	55	160～200	330～350
臭素化ポリフェニレンオキシド BrPPO	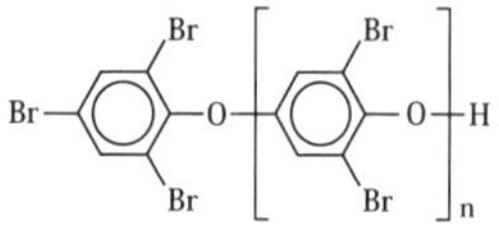	64	200～240	380
ポリペンタブロモベンジルアクリレート PPBBA	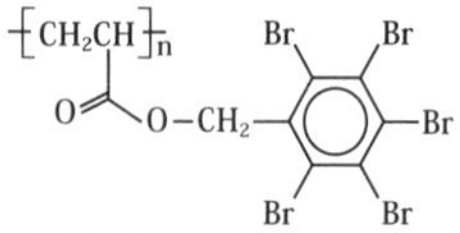	70	205～215	333

（8）新規相乗効果系の開発

現在実用化され、またこれからも開発を進めている主な相乗効果系をまとめて**表7－15**に示す。

【表7－15】三酸化アンチモン代替品

種類	主成分と難燃機構	配合量
STOCK501	三酸化Sb約50%、酸化珪素約30%気相＋固相	三酸化Sbとほぼ同量
錫酸亜鉛	高温タイプ（分解温度400℃） 低温タイプ（分解温度<200℃） 気相+固相　低発煙性 ホスフィン酸金属塩（OP1230）との相乗効果	臭素系併用では三酸化Sbとほぼ同量 ホスフィン酸塩併用では6～27部
アゾアルカン化合物	アゾアルカン化合物 （構造によって効果は異なる） 気相でのラジカルトラップ効果 水和金属化合物、臭素系との併用	配合量は、数部以下 併用系の配合量によって異なる。
ヒンダートアミン化合物	ヒンダートアミン化合物 気相でのラジカルトラップ効果	配合量数部 併用系の配合量による
ほう酸亜鉛	ほう酸亜鉛 気相における吸熱反応、固相でのガラス層の酸素遮断、断熱効果	三酸化Sbとほぼ同量
PTFE	PTFE 固相出の効果、ドリップ性効果大	配合量数部以下

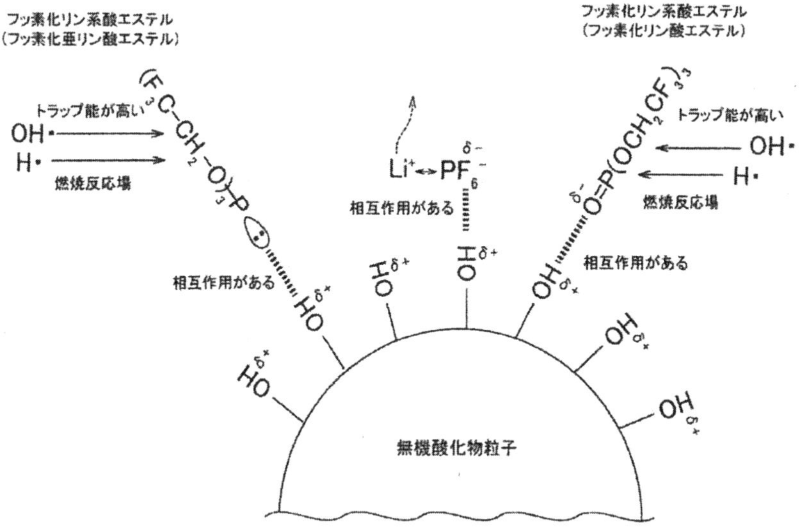

シリカ、ジルコニア無機粒子とリン系難燃剤によるラジカルトラップ効果とチャー生成効果による高難燃性付与効果

【図7－12】活性フィラーとリン難燃剤による高効率難燃化技術

ここで高難燃効率を示す難燃系を幾つか紹介しておきたい。**図７－12**は、シリカ、ジルコニア無機粒子の表面にフッ素化リン酸エステルを結合し、燃焼時にラジカルトラップ効果とチャー生成効果を同時に発揮させることによる高難燃性で従来にない相乗効果を発揮する難燃系である。その他の例として、ビスマス化合物、新規硼素化合物（ノボライト）、既に**表７－５**で紹介したヒンダードアミン（NOR）、アゾアルカン化合物、錫酸亜鉛、PTFE、STOCK501がある。

IFR系難燃剤もP-N系難燃剤として今後相乗効果が期待される一つとして考えられよう。

（９）低温から高温までの広範囲の温度で熱分解温度を示す難燃剤、難燃系の開発

水酸化AL（熱分解温度205℃）と水酸化Mg（熱分解温度350℃）を併用する方が、結晶水を同量として水酸化AL、水酸化Mgを各単独配合するよりも難燃効果が高い。これは、難燃元素（ハロゲン、Pのような難燃性を示す元素）の効果を段階的に燃焼系への効果を付与する方が狭い温度範囲で急速に反応させるよりも効果が高いことを意味している。これは、三酸化アンチモンと臭素系難燃剤の反応にも示されている。

250℃～600℃の間で４～５段階で段階的に反応して、オキシハロゲン化アンチモン、ハロゲン化アンチモンが生成して、極めて高い難燃効率を示す一つの要因になるのではないかと推定している。今後慎重に検証してみたい。

７．３　現在難燃化が難しく早急に対応したい技術開発

現在、難燃化が難しく開発が遅れているテーマとして次の項目がある。

１）難燃性透明樹脂の開発
２）Liイオン二次電池電解液用難燃剤の開発

3）電気絶縁薄層フィルム用難燃系の開発
4）5G対応難燃性プラスチックス、ゴム材料の難燃化技術の確立
5）難燃材料コンパウンド及び成形品の製造技術におけるトラブル対策

1）難燃性透明樹脂の開発

難燃化技術の中でも最も難しいものの一つであり、透明性を維持しながら高い難燃性を出すことはなかなか難しく、現状のベース樹脂はPMMA、PE、PU、PC等を使用し、難燃剤は、縮合型リン酸エステルを中心として使用したり、透明性を出しやすいリン酸エステルを中心とする難燃剤。水和金属化合物の適量配合、MMT等のナノフィラー10部前後配合で難燃助剤としてシリコーン化合物併用、水酸化AL、水酸化Mgの表面にMMAモノマーを結合させた後、MMAモノマー中で共重合する製造技術が使われている（**図7－13**参照）。

2）Liイオン二次電池用電解液の難燃化

Liイオン二次電池は、現在、スマートフォン、各種電子電気機器、EV等多方面で活躍しており、ますます重要性が増してきている。その中の可燃性電解液の難燃化に難燃剤が使用されている。現在、高い難燃性が要求されているため、リン、フッ素、窒素含有難燃剤が主として使われ、その添加量が10部前後で実用化されている（**図7－14**参照）。更に電池の性能向上のため現状の約2倍の難燃効率の向上が要求されている。新しい固体型電池の開発による対応も進められているが更なる改良が強く望まれている。今後も難燃効率の高いフッ素、リン、窒素等を主成分とした開発を中心に進められよう。

3）電気絶縁用難燃性薄肉フィルム

最近、高難燃性の電気絶縁性フィルムが要求されているが、数10μmの薄肉の難燃性フィルムを作ることが難しい。薄肉の場合は、高難燃製品を作ることが難しいことに不思議に感ずる方もおられると思うが、実際にUL94VTM燃焼を行うとフィルム自身が丸まって燃焼しはじめ大変

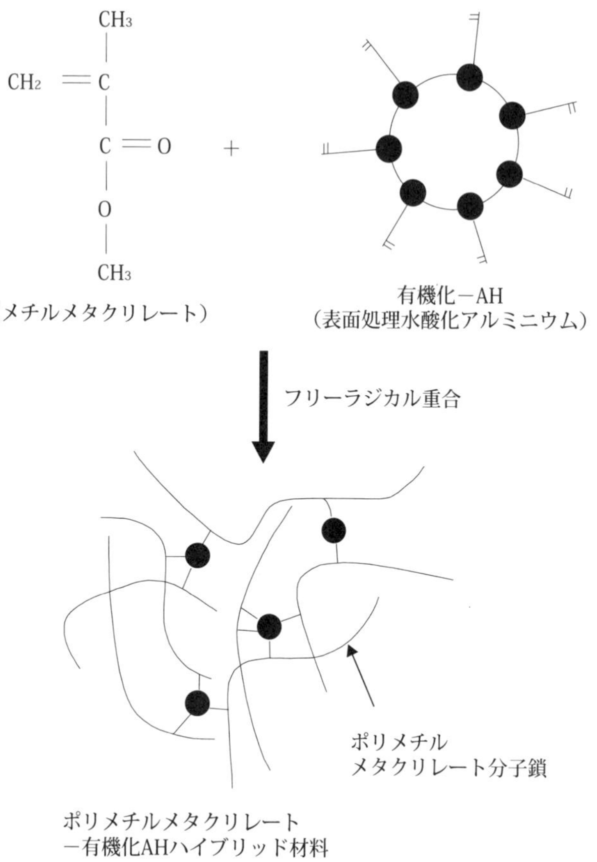

【図７－13】表面グラフト化水酸化アルミニウムとMMAとの共重合による難燃透明PMMA樹脂の製造技術

苦労する。現在は最も難燃効率の高い臭素系＋三酸化アンチモン系、IFR＋NOR、縮合リン酸エステル＋NOR併用系等を中心として片面に高難燃性を使用し、他の面に電気特性、物性の優れた材料として複合構造にすること等が、試みられている。

４）5G対応高周波対応難燃性樹脂、ゴム、エラストマー

現在、注目される高速通信に用される電気電子機器には多くの低誘電特性（誘電率ε、誘電正接tanδ）を有する難燃材料が望まれている。

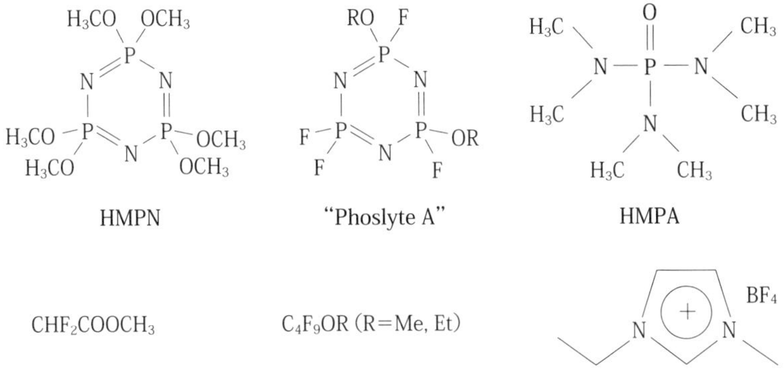

HMPN　"Phoslyte A"　HMPA

MFA　MFE, EFE　EMIBF4

【図7－14】Liイオン二次電池で検討されている難燃剤種類

各種機器のすべてに低誘電率、低誘電損失で、しかも高難燃性であることはかなり対応が難しい。ベース樹脂の選択が限られ、PP、PE、S、PTFE、PPE、PC、EPDM等が中心で、更に難燃剤自身が極性の高いものが多いこととも関係して開発が難しくなる。まず、誘電特性については、**図7－15**に示すように誘電率は、材料の双極子能率と真空の双極子能率の比率であり、大きいほど電気を多く保持できることを示している。一方、誘電正接は大きいほど双極子能率も大きく周波数が大きいほど発熱が大きくなり、機器の寿命に影響することになる。好ましいベース樹脂は、先ほど示したような低誘電特性の樹脂であるが、好ましい難燃剤としては、高融点の臭素系難燃剤、ホスファゼン系、ホスフィン酸金属塩、縮合型リン酸エステル、水酸化Mg、反応型リン系難燃剤のHCA等である。臭素系難燃剤の場合には三酸化アンチモンの併用は可能である。またポリマー型難燃剤として**表7－16**に示す難燃剤にも注意したい。

今後の5G対応難燃材料のマーケットは大きく、2035年で1,300兆円の市場が期待されている。今後の研究の方向としては、従来と異なり難燃剤自身の分子構造を双極子能率の小さく、難燃効率の高い分子構造の難燃剤が必要となる。ベース樹脂としても誘電特性の小さなオレフィン

誘電率：真空（C0）に対する双極子（C）の大きさの比率
（大きいほど電気を多く保持できる）
C／C0　、（PEは2.3　EPDMは2.8）

誘電正接：図参照、数値が大きいほど双極子の摩擦が大きく発熱が大きい。

絶縁物に交流電圧を加えると、図の如きベクトル図を示す。理想的な絶縁物の場合は電圧・電流の位相差角 θ=90° となるが、一般の絶縁物はθが90° より若干小さくなり、電圧と同位相の微小電流が流れ電圧ロスとなる。Tanδが大きいと電圧負荷時に発熱が大きくなる。

$$\tan\delta = \frac{1}{2\pi fcR}$$

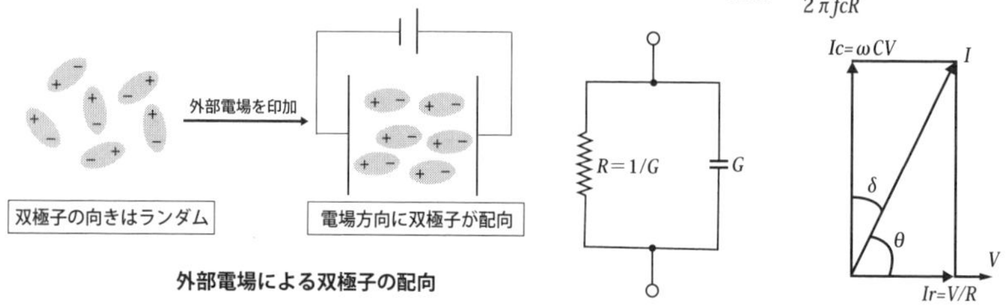

【図７－15】５％対応材料開発のための誘導率（ε）、誘導正接（tanδ）の意味

【表７－16】ポリマー型リン系難燃剤の例

会社名	製品名	対象樹脂	難燃剤構造式
FRX Polymers®	Nofia HM-1100 高分子量タイプ	PET、PBT、 PTT、TPUs	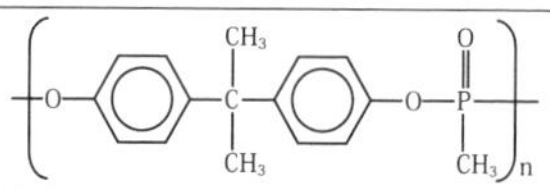 Polyphosphonate　分子量８万～12万　Tg＝107℃
	Nofia COPOs 共重合タイプ	PC、Polyesters PC blend （PC/ABS）	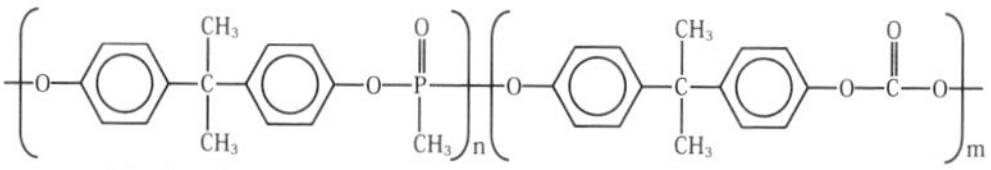 Polyphosphonate-co-carbonate　分子量３万～５万　Tg＝120～135℃
	Nofia Oligomers オリゴマータイプ	Epoxy Unsaturated polyesters	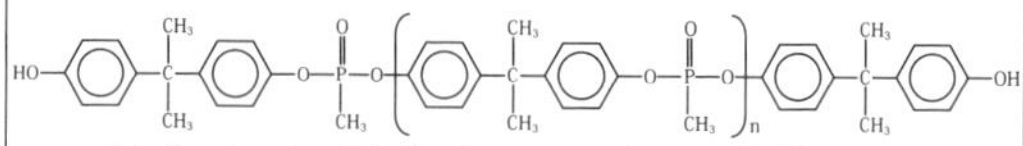 Polyphosphonate or Polyphosphonate-co-carbonate　分子量１千～５万
丸善石油化学	P5P （開発品）	PC、その他	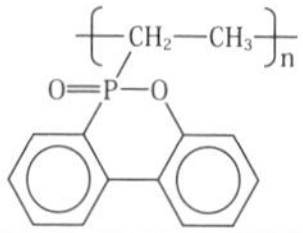 9,10-ジヒドロ-9-オキサ-10-ビニル-10-ホスファフェナントレン-10-オキシドポリマー

系樹脂、PS、PPE、エラストマーとしてはEPDM等が候補となる。また、樹脂に含まれる水分、使用中の吸湿性の問題等にも注意が必要である。

ベース樹脂の開発での留意すべきポイントは、分子構造として双極子能率の小さな非極性分子構造の開発がポイントとなる（**図7－16**、**図7－17**参照）。

ベース樹脂として、1,2ビス（ビニルフェニル）エタンとPPEを70:30部のベース樹脂（tanδ 0.0015）に、次図に示した難燃剤のリン酸エステルの側鎖Rの分子構造を分子の回転性の異なる各種原子団とすることにより難燃剤の双極子の動き易さを変えてtanδを改良した難燃剤（硬化剤添加）を加えて均一に分散させ加熱成形して試験試料を作成した。各資料のtanδ、難燃性（UL94）を測定した。
（天羽悟他：エレクトロニクス実装学会誌、9、No6（2006））

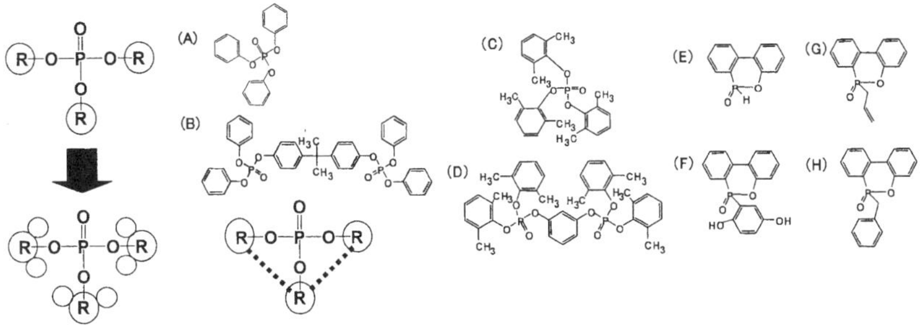

【図7－16】5G対応材料開発（ε、tanδ）の小さな高分子材料開発例
（リン系難燃剤の開発）（1）

A	0.0093
C	0.0016
B	0.0057
D	0.0019
E	0.0016
F	0.0022
G	0.0058
H	0.0034
樹脂	0.0015

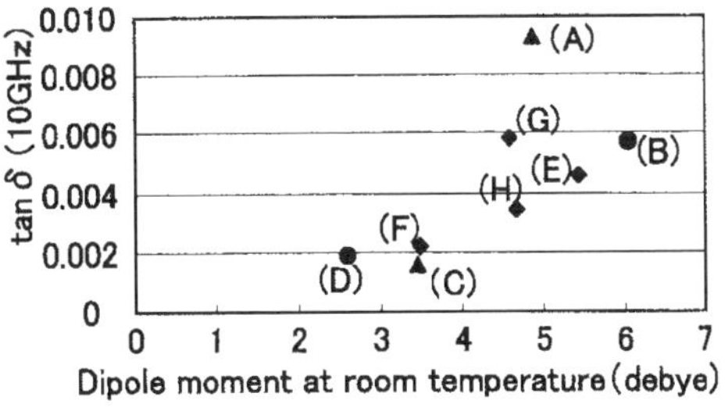

【図7－17】5G対応材料開発（ε、tanδ）の小さな高分子材料開発例
（リン系難燃剤の開発）（2）

５）高性能難燃製品の製造における課題と対策

難燃剤は、二軸押出機を使用してコンパウンドを作り、これを射出成形、押出加工等によって製品化される。その過程で起こる課題を認識し、これを改良してはじめて品質の高い製品を作ることができる。

ⅰ）難燃コンパウンド製造における課題

現在、難燃コンパウンドは、２軸押出機を使用し、難燃剤、その添加剤をサイドフィード方式で供給して混練りを行っている。スクリューは、同方向回転が多く、混練り効果の高いものが使用されている。最も注意したいことは製造工程で過剰な剪断力を加えないで均一な難燃剤の分散を行うことである。

ⅱ）射出成形、押出加工における課題

難燃製品の課題は、制品表面への難燃剤の析出（ブルーム、ブリード）、製造設備への粘着、汚染である。コンパウンド自身に、難燃剤が析出しないようにEVAのような極性ポリマーを数部添加してコンパウンドの極性を調整する。更には、スクリュー、ヘッド等で過剰なせん断発熱を与えないように注意して加工することである。

【参考文献】

１）西澤　仁：難燃化技術の基礎と最新の開発動向（2016）シーエムシー出版

２）北野　大 編著：難燃学入門（2016）化学工業日報社

３）西澤　仁：難燃材料研究会講演会資料（2021，Sep.）

４）植木健博：月刊『フィンケミカル』，Vol. 46，No. 4（2017）

５）西澤　仁：月刊『フィンケミカル』，Vol. 46，No. 4（2017）

６）2017Asia Oceania Symposium Fire Materials. (China) BSEF 資料

７）林 日出夫：月刊『フィンケミカル』，Vol. 46，No. 4（2017）

８）西澤　仁：難燃化基本技術と最新動向セミナー資料（2021年６月）日刊工業新聞社

９）西澤　仁：難燃化基本技術と最新の研究動向資料（2021年11月）S&T

索　引

【た行】

【な行】

【は行】

【ま行】

【や行】

【ら行】

改訂版　難燃学入門

—火災からあなたの命と財産を守る

北野　大　監修

2016年10月11日　初版１刷発行
2022年４月５日　改訂版１刷発行

発行者　佐　藤　　　豊
発行所　化学工業日報社
〒103-8485　東京都中央区日本橋浜町３-16-８
電話　03(3663)7935[編集]／03(3663)7932[販売]
振替　00190-2-93916
支社　大阪　　支局　名古屋、シンガポール、上海、バンコク
HPアドレス　https://www.chemicaldaily.co.jp/

(印刷・製本・DTP：昭和情報プロセス㈱)

ISBN978-4-87326-751-7　C0043